国家骨干高职院校工学结合创新成果系列教材

电力系统继电保护技术及应用

主　编　龙艳红

主　审　张宏亮

U0283524

中国水利水电出版社

www.waterpub.com.cn

内 容 提 要

本教材以项目导向，任务驱动，教、学、做一体的教学模式为设计思路，共分为七个项目：项目一为电网电流保护的配置与调试，项目二为电网距离保护的配置与调试，项目三为220kV及以上线路保护的配置与调试，项目四为变压器保护的配置与调试，项目五为发电机保护的配置与调试，项目六为母线保护的配置，项目七为其他元件保护的配置。本教材全面介绍了输电线路、变压器、发电机、母线等设备保护的配置原则、原理及微机保护装置的调试方法。

本教材可作为高职高专电力技术类相关专业的教材，也可供相关工作者参考使用。

图书在版编目（ＣＩＰ）数据

电力系统继电保护技术及应用 / 龙艳红主编. -- 北京：中国水利水电出版社，2014.9
国家骨干高职院校工学结合创新成果系列教材
ISBN 978-7-5170-2744-7

Ⅰ. ①电… Ⅱ. ①龙… Ⅲ. ①电力系统－继电保护－高等职业教育－教材 Ⅳ. ①TM77

中国版本图书馆CIP数据核字(2014)第303573号

书　　　名	国家骨干高职院校工学结合创新成果系列教材 **电力系统继电保护技术及应用**
作　　　者	主编　龙艳红　　主审　张宏亮
出 版 发 行	中国水利水电出版社 （北京市海淀区玉渊潭南路1号D座　100038） 网址：www. waterpub. com. cn E - mail：sales@ waterpub. com. cn 电话：(010) 68367658（发行部）
经　　　售	北京科水图书销售中心（零售） 电话：(010) 88383994、63202643、68545874 全国各地新华书店和相关出版物销售网点
排　　　版	中国水利水电出版社微机排版中心
印　　　刷	北京市北中印刷厂
规　　　格	184mm×260mm　16开本　10.25印张　243千字
版　　　次	2014年9月第1版　2014年9月第1次印刷
印　　　数	0001—3000册
定　　　价	**24.00元**

国家骨干高职院校工学结合创新成果系列教材

编 委 会

前言

　　高等职业教育具有高等教育和职业教育双重属性，以培养生产、建设、服务、管理第一线的技术技能型人才为主要任务。专业课程内容力求实现与职业标准对接，教学过程与生产过程对接；引入企业新技术、新工艺，推行项目教学、案例教学、工作过程导向的教学模式。为了适应我国高等职业教育改革的迅速发展，满足当前职业教育及电力生产实际需要，特编写本书。本书按三年制高职高专电力技术类专业对电力系统继电保护所需的专业知识和技能进行编写，重点体现职业性、技术性、实用性。通过多次到企业走访、座谈，广泛征询行业专家的意见，对电力技术类专业涵盖的职业岗位群的工作过程进行分析，确定"电力系统继电保护技术及应用"课程对应的工作岗位，对就业岗位做出正确分析，结合社会与企业的具体情况分析各职业岗位的技能构成，确定课程的教学目标，围绕课程的教学目标设计课程的项目，通过增删、整合教学内容，使课程的教学内容以项目贯穿，并设计过程化考核方法，掌握学生对知识和技能的掌握程度。

　　"电力系统继电保护技术及应用"是一门理论性、实践性很强的专业核心课程，本教材在编写时去除了常规继电保护中已淘汰的内容，以专业应用为目的，以工作任务为导向，使教材的内容更贴近实际现场。

　　本教材总结了广西水利电力职业技术学院及其他相关院校的教学经验，项目一由龙艳红编写，项目二由徐庆锋编写，项目三由李波编写，项目四由罗昕编写，项目五、项目六由廖旭升编写，项目七由黄丽娟编写。

　　本教材由广西方元电力股份有限公司来宾电厂张宏亮高级工程师任主审，黔西南职业技术学院王玲副教授提出了许多宝贵意见，在此致以诚挚的感谢！

编者

2014 年 6 月

目　录

项目一 电网电流保护的配置与调试

引言：

图 1-1 为 35kV 系统接线图，在 AB 线路的末端 B 点发生相间短路时，系统会出现什么现象？如何判断系统出现故障？采取什么措施可以切除短路电流？

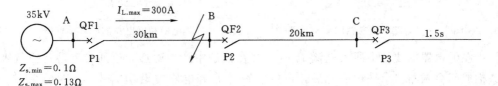

图 1-1 35kV 系统接线图

任务一 常用电磁型继电器的调试

任务提出：

（1）识别电流继电器各组成部分及定值设定。

（2）电流继电器动作参数的测试。

（3）电流继电器动作值的调整。

（4）正确填写继电器的检验和调试报告。

任务实施：

（1）学生以组为单位自主学习电流继电器，观察继电器的结构，用万用表测试继电器的线圈、触点，画出继电器的内部结构。

（2）小组回答电流继电器各组成部分及其作用。

（3）老师利用多媒体、实物等教学手段简单小结。

（4）按要求设定电流继电器动作电流。

（5）测试电流继电器动作电流及返回电流。

（6）测试电压继电器动作电压与返回电压。

知识链接：

一、电磁型电流继电器的工作原理

输电线路发生相间短路时，电流会突然增大，故障相间的电压会降低。利用电流这一特征可以构成电流保护。电流保护装置的中心环节是电流继电器，它的基本组成部件为电磁铁、可动衔铁、线圈、触点、反作用弹簧和止挡。（同学们找找看，它们在哪？）

现以吸引衔铁式电磁型继电器为例分析其动作原理，如图 1-2 和图 1-3 所示。

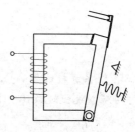

图 1-2 电磁型继电器的结构示意图　　　图 1-3 电磁型继电器的原理结构图

当在继电器的线圈中通入电流 I_k 时，就在铁芯中产生磁通，磁通在铁芯、空气隙和衔铁构成闭合磁路。衔铁被磁化后，产生电磁力 F 和电磁力矩 M_{dc}，当 I_k 足够大时，电磁力矩足以克服弹簧的反作用力矩，衔铁被吸向电磁铁，动合触点闭合，继电器动作。

电磁力矩与通入电流的关系式为

$$M_{dc} = K_1 \Phi^2 = K_2 \frac{I_k^2}{\delta^2} \tag{1-1}$$

式中　K_1、K_2——比例常数；

　　　δ——电磁铁与可动铁芯之间的气隙。

由式（1-1）可知，电磁力矩 M_{dc} 与电流的平方成正比，而与加入线圈中的电流方向无关，所以以采用电磁原理不仅可构成直流继电器，也可构成交流继电器。

正常工作情况下，线圈中流入负荷电流，继电器不动作，这是由于弹簧对应于空气隙 δ_1 产生一个初始力矩 $M_{th.1}$，弹簧的张力与伸长量成正比，当空气隙由 δ_1 减小到 δ_2 时，弹簧产生的反作用力矩为

$$M_{th} = M_{th.1} + K_3(\delta_1 - \delta_2) \tag{1-2}$$

式中　K_3——比例常数。

另外，在可动舌片转动的过程中，还必须克服摩擦力力矩 M_m。

二、电磁型电流继电器的动作条件

为使继电器动作，必须增大电流 I_k，通过增大电流 I_k 来增大电磁转矩，使其满足

$$M_{th} \geqslant M_{dc} + M_m$$

当通入继电器的电流 I_k 达到某一数值 I_{act} 时，产生的电磁力矩刚好等于弹簧反作用力矩与摩擦力矩之和，是继电器动作的边界，当 $I_k > I_{act}$，继电器更可靠动作。即能使继电器动作的电流有无数个，把能使继电器动作的最小电流，称为继电器的动作电流 I_{act}。此时的电磁力矩为

$$M_{dc} = K_2 \frac{I_{act.k}^2}{\delta^2} \tag{1-3}$$

调整继电器动作电流的方法有：

（1）改变弹簧的松紧程度，即 M_{th} 的大小；旋转调整把手，将弹簧旋紧时动作电流提高，反之则降低。

（2）改变继电器线圈的连接方式。用连接片将两个线圈串联或并联。当调整把手位置一定时，线圈串联时的动作电流是并联时的一半。

三、电磁型电流继电器的返回条件

继电器动作后，当 I_k 减小时，继电器在弹簧的作用下将返回。为使继电器返回，弹簧的作用力矩 M_{th} 必须大于等于电磁力矩 M_{dc} 及摩擦力矩之和，即

$$M_{th} \geqslant M_{dc} + M_m \quad 或 \quad M_{dc} \leqslant M_{th} - M_m$$

满足上述条件，使继电器返回原位的电流最大值称为继电器的返回电流，记为 I_{re}，对应此时的电磁转矩为

$$M_h = K_2 \frac{I_{re.k}^2}{\delta^2} \tag{1-4}$$

四、电磁型电流继电器的返回系数

返回电流和启动电流的比值称为继电器的返回系数，可表示为

$$K_{re} = \frac{I_{re.k}}{I_{act.k}}$$

由于剩余力矩 M_{sh} 和摩擦力矩 M_m 存在，返回系数恒小于 1（一切过量动作的继电器都如此）。在实际应用中，要求有较高的返回系数，如 0.85～0.9。返回系数越大，则保护装置的灵敏度越高，但过大的返回系数会使继电器触点闭合不够可靠。

五、动作电流的调整方法

（1）改善继电器线圈的匝数。

（2）改变弹簧的张力。

（3）改变初始空气隙的长度。

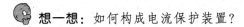 **想一想**：如何构成电流保护装置？

思考题：

（1）电流继电器的线圈通入什么电流？在现场应接到哪个设备？

（2）做继电器测试试验时，为什么要逐渐增加电流？然后又逐渐减小电流？

（3）电流继电器整定值为 3.5A，但实验时电流加到 3.1A 时继电器就动作了，请问继电器的动作电流是多少？上述现象说明什么？怎样解决？

任务二　无时限电流速断保护的装接与调试

任务提出：

（1）依据图 1-1，在 AB 线路的末端 B 点发生相间短路时，设计 A 点保护。

（2）根据设计的保护方案和继电器的结构画出单相保护原理图、展开图及安装图。

（3）按图接线。

（4）用继电保护测试仪测试保护装置。

任务实施：

（1）分组讨论、分析、查阅资料，初步设计继电保护方案。

（2）各组代表讲解设计方案，学生进行讨论、评议；教师根据各组的设计和讨论情况进行总结，指出各组的优点和不足；最后拿出一个（或进行修改）合理的设计方案，并解释该方案的合理性。

（3）画出单相保护原理图、展开图。

（4）各组按修改过的安装图选择相应的继电器，按图安装接线。

（5）进行绝缘电阻检查、调整电流继电器整定把手。

（6）编写调试方案，利用保护测试仪根据调试方案对保护装置进行调试。

（7）学生编写调试报告。教师验收和点评。

知识链接：

一、电力系统继电保护的作用

电力系统在运行中可能发生各种故障和不正常运行状态，最常见也最危险的故障是各种类型的短路。发生短路时可能产生以下后果：

（1）通过故障点的短路电流和燃起的电弧使故障设备或线路损坏。

（2）短路电流通过非故障设备时，由于发热和电动力的作用，引起电气设备损伤或损坏，导致使用寿命大大缩减。

（3）电力系统中部分地区的电压大大降低，破坏用户工作的稳定性或影响产品质量。

（4）破坏电力系统并列运行的稳定性，引起系统振荡，甚至导致整个系统瓦解。

电力系统中最常见的不正常运行情况是过负荷。此外，系统中出现功率缺额引起频率降低以及发电机突然甩负荷而产生的过电压等，都属于不正常运行状态。

电力系统中发生故障和出现不正常运行情况可能引起系统全部或部分正常运行遭到破坏，电能质量变差，造成对用户停止供电或少供电，甚至造成人身伤亡和设备损坏，这种情况就称发生了"事故"。为了避免或减少事故的发生，提高电力系统运行的可靠性，必须改进设备的设计制造，保证设计安装和检修质量，提高运行管理水平，采取预防事故措施，尽可能消除发生事故的可能性。电气设备或输电线路一旦发生故障，就必须采取措施，尽快将故障设备或线路从系统中切除，保证非故障部分继续安全运行，避免事故的发生，或缩小事故的范围和影响。

继电保护装置是指能反应电力系统中电气元件发生故障或不正常的运行状态，并动作于断路器跳闸或发出信号的一种自动装置。

继电保护装置的基本任务是：

（1）自动地、迅速地和有选择地将故障元件从电力系统中切除，使故障元件免于继续遭到破坏，保证其他无故障部分迅速恢复正常运行。

（2）反应电气元件的不正常运行状态，并根据运行维护的条件（如有无经常值班人员）而发出信号，以便值班员及时处理，或由装置自动进行调整，将继续运行会引起损坏或发展成为事故的电气设备切除。

为了完成上述第一个任务，继电保护装置必须能正确区分被保护元件是处于正常运行状态还是发生了故障，是保护区内故障还是区外故障的功能，这需要以电力系统发生故障前后电气物理量的变化特征为基础来完成。

二、继电保护装置的基本要求

1. 选择性

选择性是指当电力系统中的设备或线路发生短路时，其继电保护仅将故障的设备或线路从电力系统中切除，当故障设备或线路的保护或断路器拒绝动作时，应由相邻设备或线路的保护将故障切除。

2. 速动性

速动性是指继电保护装置应能尽快地切除故障。对于反应短路故障的继电保护，要求快速动作的主要理由和必要性在于：

（1）快速切除故障可以提高电力系统并列运行的稳定性。

（2）快速切除故障可以减少发电厂厂用电及用户电压降低的时间，加速恢复正常运行的过程，保证厂用电及用户工作的稳定性。

（3）快速切除故障可以减轻电气设备和线路的损坏程度。

（4）快速切除故障可以防止故障扩大，提高自动重合闸和备用电源或设备自动投入的成功率。

并不是在任何情况下都要求保护切除故障达到最小时间，这个时间必须根据技术条件而定。对于反应不正常运行情况的继电保护装置，一般不要求快速动作，而应按照选择性的条件，带延时地发出信号。

3. 灵敏性

灵敏性是指电气设备或线路在被保护范围内发生短路故障或不正常运行情况时保护装置的反应能力。

系统最大运行方式，就是在被保护线路末端短路时，系统等效阻抗最小，通过保护装置的短路电流最大的运行方式；系统最小运行方式，就是在同样的短路故障情况下，系统等效阻抗最大，通过保护装置的短路电流最小的运行方式。

保护装置的灵敏性用灵敏系数来衡量。灵敏系数表示式为：

（1）对于反应故障参数量增加（如过电流）的保护装置

$$灵敏系数 = \frac{保护区末端金属性短路时故障参数的最小计算值}{保护装置动作参数的整定值}$$

（2）对于反应故障参数量降低（如低电压）的保护装置

$$灵敏系数 = \frac{保护区末端金属性短路时故障参数的最小计算值}{保护装置动作参数的整定值}$$

故障参数如电流、电压和阻抗等的计算，应根据实际可能的最不利的运行方式和故障

5

类型来进行。

4. 可靠性

可靠性是指在保护范围内发生了故障该保护应动作时，不应由于它本身的缺陷而拒动作；而在不属于它动作的任何情况下，则应可靠地不动作。

以上四个基本要求是设计、配置和维护继电器保护的依据，又是分析评价继电保护的基础。这四个基本要求之间相互联系，但往往又存在矛盾。因此，在实际工作中，要根据电网的结构和用户的性质辩证地进行统一。

三、无时限电流速断保护原理接线图

根据对保护速动性的要求，在满足可靠性和保护选择性的前提下，保护装置的动作时间原则上总是越快越好。因此，各种电气元件应力求装设快速动作的继电保护。仅反应电流增大而能瞬时动作切除故障的保护，称为电流速断保护，也称为无时限电流速断保护。

1. 单相原理接线图

无时限电流速断保护的单相原理接线图如图 1-4 所示。电流继电器接在电流互感器 TA 的二次侧，它动作后启动中间继电器，中间继电器触点闭合，经信号继电器，断路器辅助常开触点接通断路器跳闸线圈。

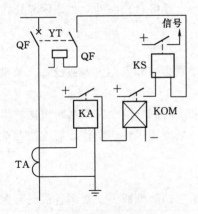

图 1-4　无时限电流速断保护
的单相原理接线图

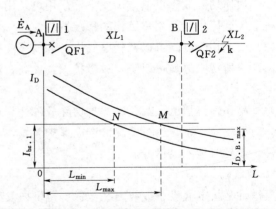

图 1-5　无时限电流速断保护的整定

2. 展开图

展开图结构简单，便于理解，为复杂回路的设计、安装和调试带来很多方便。

四、无时限电流速断保护的整定

无时限电流速断保护（又称Ⅰ段保护）反映电流升高而不带时限动作，即电流高于动作值时继电器立即动作，跳开线路断路器。这种动作电流的计算过程称为整定计算。

动作电流的整定必须保证继电保护动作的选择性，如图 1-5 所示，k 点故障对保护 1 是外部故障，应当由保护 2 动作跳开 QF2，而 k 点故障时短路电流也会流过保护 1，需要保证此时保护 1 不动作，则要求保护 1 的动作电流应按大于外部故障时的短路电流。

$$I_{act} > I_{K.B.max}$$

$$I^I_{act.1} = K^I_{rel} I^{(3)}_{K.B.max}$$

对保护 1　　　　　　　　$K^I_{rel} = 1.2 \sim 1.3$　可靠系数　　　　　　　　(1-5)

五、无时限电流速断保护的特点

优点是简单可靠,动作迅速。

缺点是:

(1) 不能保护线路全长。

(2) 保护受运行方式、故障类型的影响。运行方式变化较大时,可能无保护范围。在最大运行方式整定后,在最小运行方式下无保护范围。

(3) 在线路较短时,可能无保护范围。

想一想: 无时限电流速断保护不能保护线路全长,怎么办?

思考题:

(1) 无时限电流速断保护装置在施加足够的交流电流后保护动作,其实际意义是什么?

(2) 通常说继电保护动作跳闸,指什么元件跳闸?为什么要跳闸?

任务三　限时电流速断保护的装接与调试

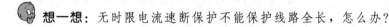

任务提出:

图 1-1 中 A 变电站和 B 变电站均装有无时限电流速断保护,分析在 B 站出口处 K 点发生三相短路时哪些保护会动作,会出现什么问题,并提出解决方案。

任务实施:

(1) 分组查阅资料、分析、讨论,拿出分析报告和设计方案。

(2) 各组代表讲解设计方案,其他小组进行提问和讨论。

(3) 老师根据各组的设计和讨论情况进行总结,指出各组的优点和不足;最后老师根据学生的设计方案拿出一个(或进行修改)合理的设计方案,并解释该方案的合理性。

(4) 画出保护单相原理图、展开图、安装图。

(5) 分组按图安装接线。

(6) 调整电流继电器整定把手,利用保护测试仪对保护装置进行调试。

(7) 填写调试报告,教师验收和点评。

知识链接:

一、限时电流速断保护的要求

由于电流速断保护不能保护本线路的全长,增设限时电流速断保护的主要目的是切除本线路电流速断保护范围以外的故障,作为无时限速断保护的后备保护,对它的要求是在任何情况下都能保护线路全长并具有足够的灵敏性,在满足这个要求下具有较小的动作

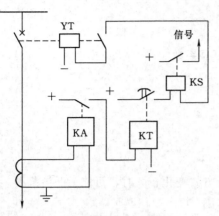

图 1-6　限时电流速断保护
的单相原理接线图

时限。

二、限时电流速断保护原理接线图

限时电流速断保护单相原理接线图如图 1-6 所示，它和电流速断保护的主要区别是用时间继电器代替了中间继电器。

三、限时电流速断保护的整定

1. 工作原理

（1）为了保护本线路全长，限时电流速断保护的保护范围必须延伸到下一条线路，这样当下一条线路出口短路时，它就能切除故障。

（2）为了保证选择性，必须使限时电流速断保护的动作带有一定的时限。

（3）为了保证速动性，时限尽量缩短。时限的大小与延伸的范围有关，为使时限较小，应使限时电流速断保护的保护范围不超出下一条线路无时限电流速断保护的范围。因而动作时限 t'' 比下一条线路的速断保护时限 t' 高出一个时间阶段 Δt，即限时电流速断保护在时间上躲过无时限电流速断保护的动作，这样当下一条线路出口处短路时它就能切除故障。

2. 整定计算

（1）动作电流。动作电流 I''_{dz} 按躲开下一条线路无时限电流速断保护的电流进行整定

$$I^{II}_{act.1} = K^{II}_{rel} I^{I}_{act下一线} \tag{1-6}$$

式中　$I^{I}_{act下一线}$——下一条线路无时限电流速断保护的动作电流；

K^{II}_{rel}——可靠系数，一般取 1.1～1.2；

$I^{II}_{act.1}$——本线路限时电流速断保护的动作电流。

（2）动作时限。为了保证选择性，限时速断电流保护比下一条线路无时限电流速断保护的动作时限高出一个时间阶段 Δt，即

$$t^{II}_1 = t^{I}_2 + \Delta t \tag{1-7}$$

式中　t^{II}_1——线路 L-1 是电流速断保护的动作时限；

t^{I}_2——线路 L-2 是无时限电流速断保护的动作时限，一般人为延时为 0；

Δt——时限级差，Δt 的大小保证在重叠保护区内发生故障时保护动作的选择性，通常取为 0.5s。

当线路上装设电流速断保护和限时电流速断保护后，它们联合工作就可以在 0.5s 内切除全线路范围的故障，且能满足速动性的要求，具有这种作用的保护称为该线路的主保护。即无时限电流速断保护和限时电流速断保护构成线路的主保护。

（3）灵敏度校验。保护装置的灵敏度（灵敏性），即只在它的保护范围内发生故障以及不正常运行状态时保护装置的反应能力。灵敏度的高低用灵敏系数来衡量。灵敏系数定义为

$$K_{sen} = \frac{保护范围末端金属性短路故障参数最小值}{保护装置动作参数整定值}$$

限时电流速断保护灵敏度为

$$K_{sen} = \frac{I_{k.\,min}^{(2)}}{I_{act.\,1}^{\mathrm{II}}} \geqslant 1.3 \sim 1.5 \qquad\qquad (1-8)$$

式中　$I_{k.\,min}^{(2)}$——被保护线路末端两相短路时流过限时电流速断保护的最小短路电流；

　　　$I_{act.\,1}^{\mathrm{II}}$——限时电流速断保护的整定电流。

当 $K_{sen} < 1.3 \sim 1.5$ 时，保护在故障时可能不动，就不能保护线路全长，此时应采取以下措施：

（1）为了满足灵敏性，就要降低该保护的启动电流，进一步延伸限时电流速断保护的保护范围，使之与下一条线路的限时电流速断相配合（但不超过下一条线路限时电流速断保护的保护范围）。

（2）为了满足保护选择性，动作限时应比下一条线路的限时电流速断保护的时限高一个 Δt，即

$$t_{本}^{\mathrm{II}} = t_{下一线}^{\mathrm{II}} + \Delta t \qquad\qquad (1-9)$$

可见，保护范围的伸长（灵敏度的提高）会导致动作时限的升高。

想一想：无时限电流速断保护及限时电流速断保护各自的保护范围是什么？它们是如何配合工作的？一条输电线路仅配置这两种保护可以吗？

任务四　输电线路后备保护的配置

任务提出：

图 1-1 中，在 A 变电站装设有无时限电流速断保护及限时电流速断保护，分析不同地点发生相间短路时保护的动作情况；在下一线路末端处 C 点发生三相短路时哪些保护会动作？若保护拒动会出现什么问题？提出解决方案。

任务实施：

（1）分组查阅资料、分析、讨论，拿出分析报告和设计方案。

（2）各组代表讲解设计方案，其他小组进行提问和讨论。

（3）老师根据各组的设计和讨论情况进行总结，指出各组的优点和不足，最后根据学生的设计方案拿出一个（或进行修改）合理的设计方案，并解释该方案的合理性。

（4）画出保护单相原理图。

（5）分析保护动作原理，说出后备保护与主保护的不同。

知识链接：

一、主保护与后备保护

继电保护按作用不同又分为主保护、后备保护和辅助保护。

主保护是指被保护元件内部发生各种短路故障时，能满足系统稳定及设备安全要求的、有选择地切除被保护设备或线路故障的保护。

按照主保护的定义，仅依靠电流Ⅰ段保护不能构成线路主保护，因为电流Ⅰ段保护不能切除线路上所有的故障。只有电流Ⅰ段保护和电流Ⅱ段保护共同配合，才能构成线路的主保护，即满足系统稳定和设备安全要求，能以最快速度、有选择地切除被保护设备和线路故障。

除了主保护，线路上还应配有后备保护。后备保护是指主保护或断路器拒动时，用于切除故障的保护。一旦主保护设备或断路器发生故障拒动，依赖后备保护切除故障。电流Ⅱ段保护既属于主保护，同时又属于后备保护；后备保护分为远后备、近后备两种方式：①近后备是当主保护拒动时，由本电力设备线路的另一套保护实现的后备保护；②远后备是当主保护或断路器拒动时，由相邻电力设备或线路的保护来实现的后备保护。

Ⅰ段保护不能保护本线路全长，无后备保护作用；Ⅱ段保护具有对本线路Ⅰ段保护的近后备作用以及对相邻线路保护部分的远后备作用。定时限过电流保护的配置说明如图1-7所示。当k2处发生故障时，如果相应的断路器QF2或保护2的Ⅱ段保护拒动，在不装设Ⅲ段保护的情况下，故障将不能被切除，这是不允许的。因此，必须设立Ⅲ段保护提供完整的近后备及远后备作用，显然Ⅲ段应能保护本线路及相邻下一线路全长。

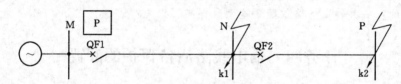

图1-7　定时限过电流保护的配置说明

二、定时限过电流保护

1. 工作原理

过电流保护通常是指动作电流按躲过最大负荷电流整定，时限按阶梯性原则整定的一种电流保护。在系统正常运行时不启动，而在电网发生故障时能反应电流的增大并动作，不仅能保护本线路的全长，而且能保护下一条线路的全长。作为本线路主保护拒动的近后

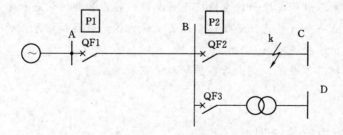

图1-8　定时限过电流保护的自启动情况

备保护，也作为下一条线路保护和断路器拒动的远后备保护。定时限过电流保护的自启动情况如图 1-8 所示，其保护范围包括下条线路或设备的末端。过电流保护在最大负荷时，保护不动作。k 点发生故障时，保护 P1 和 P2 的电流Ⅲ段保护同时启动。在满足选择性的前提下，QF2 应以较短的时限切除故障。故障切除以后，变电站 B 母线负荷恢复，变电站 B 母线负荷中的电动机自启动，流过保护 P1 的电流为自启动电流，要求保护 P1 的过电流保护能返回。

2. 整定计算

（1）动作电流。按躲过被保护线路的最大负荷电流 $I_{L.max}$，且在自启动电流下继电器能可靠返回进行整定

$$I_{act.1}^{Ⅲ} = \frac{K_{rel}^{Ⅲ} K_{MS}}{K_{re}} \cdot I_{L.max} \tag{1-10}$$

式中　$K_{rel}^{Ⅲ}$——可靠系数；取 1.15～1.25；

　　K_{MS}——自启动系数，取 1～3；

　　$I_{L.max}$——被保护线路的最大负荷电流。

（2）灵敏度校验。要求对本线路及下一条线路或设备相间故障都有反应能力，反应能力用灵敏系数衡量。本线路后备保护（近后备）的灵敏系数在《继电保护与安全自动装置技术规程》中规定为

$$K_{sen(近)} = \frac{I_{k.min.本}^{(2)}}{I_{act.1}^{Ⅲ}} \geqslant 1.5 \tag{1-11}$$

作为下一条线路后备保护的灵敏系数（远后备），《继电保护与安全自动装置技术规程》中规定

$$K_{sen(远)} = \frac{I_{k.min.下一线}^{(2)}}{I_{act.1}^{Ⅲ}} \geqslant 1.2 \tag{1-12}$$

当灵敏度不满足要求时，可以采用电压闭锁的过电流保护，这时过电流保护的自启动系数可以取 1。

（3）时间整定。由于电流Ⅲ段的保护范围很大，为保证保护动作的选择性，其保护延时应比下一条线路的电流Ⅲ段的电阻时间长一个时限阶段 Δt，为

$$t_{QF1}''' = t_{QF2}''' + \Delta t \tag{1-13}$$

式中　t_{QF2}'''——下一条线路电流Ⅲ段的动作延时。

3. 灵敏系数和动作时限的配合

过电流保护是一种常用的后备保护，实际中使用非常广泛。但是，由于过电流保护仅依靠选择动作时限来保证选择性，因此在负责电网的后备保护时，除要求各后备保护动作时限相互配合外，还必须进行灵敏系数的配合（即对同一故障点而言越靠近故障点的保护应具有越高的灵敏系数）。这对后面讲的零序过电流保护和距离Ⅲ段同样适用。

4. 接线图

电流Ⅲ段的原理接线、展开图与电流Ⅱ段保护相同。

5. 对定时限过电流保护的评价

定时限过电流保护结构简单，工作可靠，对单侧电源的放射型电网能保证有选择性地

动作。不仅能作为本线路的近后备保护（有时作主保护），而且能作为下一条线路的远后备保护。在放射型电网中获得广泛的应用，一般在 35kV 及以下网络中作为主保护。定时限过电流保护的主要缺点是越靠近电源端其动作时限越大，对靠近电源端的故障不能快速切除。

任务五　阶段式电流保护的整定与调试

任务提出：

如图 1-1 所示 35kV 系统接线图，断路器 QF1、QF2、QF3 均装有无时限电流速断保护、限时电流速断保护及过电流保护，请完成三段保护的整定与调试。

任务实施：

（1）分组计算 P1 三段保护整定计算（课外完成）。

（2）分组画三段式电流保护单相展开式原理图、安装图。

（3）按图安装接线，编写测试方案。

（4）利用保护测试仪对保护装置进行调试，编写调试报告。

（5）教师验收和点评。

知识链接：

一、阶段式电流保护的构成

无时限电流速断保护只能保护线路首端的一部分，限时电流速断保护能保护线路全长，但却不能作为下一相邻段的后备保护，因此必须采用定时限过电流保护作为本条线路和下一段相邻线路的后备保护。由电流速断保护、限时电流速断保护及定时限过电流保护相配合构成一整套保护，称为阶段式电流保护。

电流Ⅰ、Ⅱ段保护共同构成主保护，能以最快的速度切除线路首端故障和以较快的速度切除线路全长范围内的故障，电流Ⅲ段保护作为后备保护，既作为本线路电流Ⅰ、Ⅱ段保护的近后备保护，也作为下一段线路的远后备保护。

供配电线路并不一定都要装设三段式电流保护。例如，处于电网末端附近的保护装置，当定时限过电流保护的时限不大于 0.5～0.7s，而且没有防止导线烧损及保护配合上的要求的情况下，就可以不装设电流速断保护和限时电流速断保护，而将过电流保护为主保护。在某些情况下，常采用两段保护组成一套保护，例如，当线路很短时，只装设限时电流速断保护和定时限电流速断保护。又如线路变压器组式接线，电流速断保护可保护全线路，因而不需要装设限时电流速断保护，只装设电流速断保护和定时限过电流保护。电源端一般装设三段式保护。各段电流保护是反应于电流升高而动作的保护装置。它们之间的主要区别在于按照不同的原则来选择启动电流和确定动作时限。

二、阶段式电流保护归总式与展开式原理图

三段式电流保护原理图如图 1-9 所示，图 1-9（a）为归总式原理图，图 1-9（b）

为展开式原理图。归总式原理图绘出了设备之间连接方式，继电器等元件绘制为一个整体，该图便于说明保护装置的基本工作原理。展开式原理图中各元件不画在一个整体内，以回路为单元说明工作原理，便于施工接线及检修。

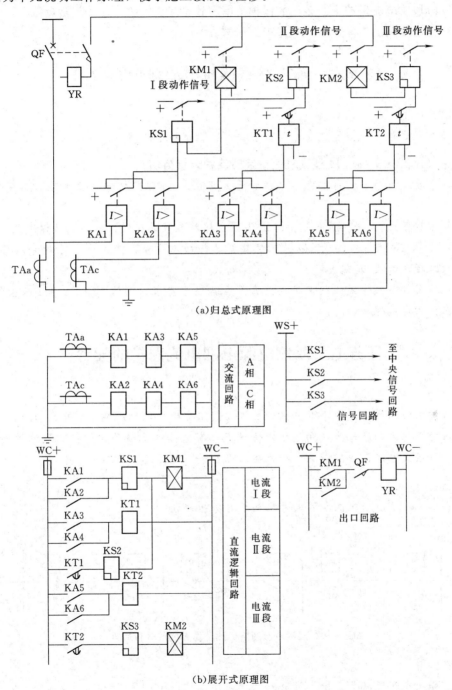

(a)归总式原理图

(b)展开式原理图

图1-9　三段式电流保护原理图

想一想：在双侧电源辐射形电网或环形电网中，阶段式电流保护会出现什么问题？

思考题：

（1）阶段式电流保护中，各段的保护范围大致是多少？哪一段保护最灵敏？

（2）输电线路的主保护和后备保护如何构成？

任务六 输电线路微机电流保护的调试

任务提出：

按数字式线路保护测控装置检验报告要求，调试输电线路电流保护微机保护。

任务实施（以 EDCS - 81103 型微机保护线路保护装置为例）：

（1）学生以组为单位自主学习，熟悉 EDCS - 81103 型微机保护装置各组成部分及其作用。

（2）根据图纸，分析 EDCS - 81103 型微机保护装置的接线，能用测试仪进行连接。

（3）能对 EDCS - 81103 型微机保护装置进行初步检查，能区分主保护和后备保护，能通过软、硬压板投/退保护。

（4）按附件 1 数字式线路保护测控装置检验报告要求，调试 EDCS - 81103 型微机保护线路三段式电流保护。

任务七 双侧电源电网电流保护的配置

引言：

在单侧电源网络中，各个电流保护装设在线路靠近电源的一侧，发生故障时，它们都是在短路功率的方向从母线流向线路的情况下，有选择性地动作，但在双侧电源网络中，如果只装阶段式电流保护能满足选择性要求吗？若不能，怎么办？

任务提出：

给如图 1-10 所示双侧电源电网配置继电保护装置。

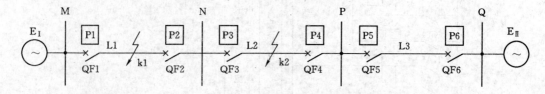

图 1-10 双侧电源网络保护动作方向的分析和规定

任务实施：

（1）分组查阅资料、分析、讨论。

（2）学生代表讲解分析方案，其他小组进行提问和讨论。

（3）教师根据各组的设计和讨论情况进行引导，提出解决方案。

（4）各组设计方向过电流保护接线，按图接线。

（5）保护装置测试，填写保护测试报告。

知识链接：

一、电流保护方向性问题的提出

为了提高供电可靠性，电力系统大量采用双侧电源辐射形电网或环形电网，在这样的电网中，为切除故障线路，应在线路两侧装设断路器和保护装置。当线路发生故障时，线路两侧的保护均应动作，跳开两侧的断路器。图 1-10 所示为双侧电源辐射形电网，当线路 L1 的 k1 点短路时，按照选择性要求在线路 L1 两侧的保护 P1、P2 应动作，使 QF1、QF2 跳闸，将故障线路 L1 从电网中切除。故障线路切除后，接在 M 母线上的用户以及 N、P、Q 母线上的用户，仍然由电源 E1 和 E2 分别继续供电。下面分析，若将阶段式电流保护直接应用在这样的电网中，是否还能够满足保护动作的选择性要求。

1. 对电流 I 段保护和电流 II 段保护的影响

图 1-10 中各断路器上分别装设无时限电流速断保护 P1～P6，对于电流 I 段保护，只要短路电流大于其动作电流整定值，就可以瞬时动作于出口。

当 k1 点发生短路时，应由保护 P1、保护 P2 动作，切除故障。而对保护 P3 来说，k1 点故障，通过它的短路电流由电源 E2 提供，若流过保护 P3 的短路电流大于保护 P3 电流速断保护的动作电流值，保护 3 也会无选择地动作，使 N 母线停止供电。同样，k2 点短路时，保护 P2 和保护 P5 也可能在反方向电源提供的短路电流下无选择地动作。

同理，对于电流 II 段保护也会有相同影响，请同学们自行分析。

2. 对电流 III 段保护的影响

对于电流 III 段保护，同样会发生无选择性误动作。在图 1-10 中，对装在 N 母线两侧的保护 P2 和保护 P3，当 k1 点短路时，为了保证选择性，要求 $t_2 < t_3$；而当 k2 点短路时，又要求 $t_2 > t_3$，显然，这两个要求相互矛盾。分析位于其他母线两侧的保护也可得出相同结论。

二、方向电流保护的工作原理

为解决上述矛盾，需进一步分析在 k1 点和 k2 点短路时流过保护 P2 和 P3 的功率方向。

在 k2 点发生短路时，流过保护 P2 的功率方向是由线路指向母线，保护 P2 不应动作；而流过保护 P3 的功率方向是由母线指向线路，保护 3 应动作。同样，当在 k1 点发生短路时，流过保护 P3 的功率方向是由线路指向母线，保护 3 不应动作；而流过保护 P2 的功率方向是由母线指向线路，保护 P2 应动作。由此可知，若在保护 P2 和 P3 上各加一判别短路功率方向的元件，只有当短路功率方向是由母线指向线路时才允许保护动作，反之不动作。这样就解决了保护动作的选择性问题。这种在电流保护的基础上加一方向元件构成的保护称为方向电流保护。

图 1-11 为双侧电源辐射形电网，电网中装设了方向电流保护。图中所示箭头方向为各保护方向元件的动作方向，这样就可将两个方向的保护拆开看作两个单电源辐射形电网的保护。其中，保护 P1、P3、P5 为一组，保护 P2、P4、P6 为另一组，各同方向的过电

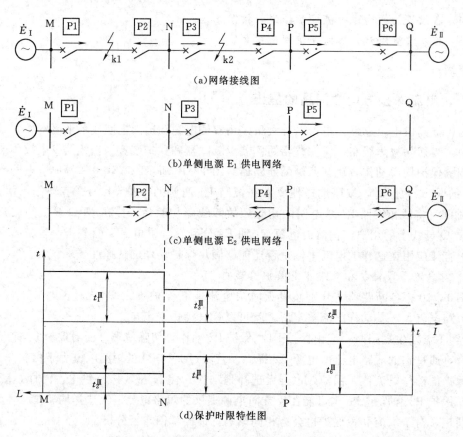

图 1-11 双侧电源辐射形电网及保护时限特性

流保护时限仍按阶梯原则来整定，它们的时限特性如图 1-11（d）所示。当线路 NP 上发生短路时，保护 P2 和 P5 的短路功率方向是由线路流向母线，与保护方向相反，即功率方向为负，保护不动作。而保护 P1、P3、P4、P6 处短路功率方向为由母线流向线路，与保护方向相同，即功率方向为正，故保护 P1、P3、P4、P6 都启动，但由于 $t_1^{III} > t_3^{III}$，$t_6^{III} > t_4^{III}$，故保护 P3 和 P4 先动作跳开相应断路器，短路故障消除后保护 P1 和 P6 返回，从而保证了保护动作的选择性。

三、三段式方向电流保护的构成

三段式方向电流保护的单相原理图如图 1-12 所示。图 1-12（a）为单相逻辑框图。从图中可以看出，为了提高三段式方向电流保护装置的可靠性，保护装置中每相的 I、II、III 段保护可以根据需要共用一个功率方向元件。图 1-12（b）为定时限方向过电流保护的单相原理接线图。图中 KW 为功率方向继电器，KA 为电流继电器，由 KW 判别功率的方向，KA 判别电流的大小，只有在正向范围内故障 KW、KA 均动作时保护才能启动。

四、功率方向元件的装设原则

在双侧电源辐射形电网或单侧电源环形电网中，并不是所有的电流保护都要装设功

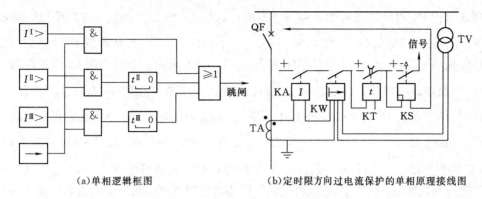

(a)单相逻辑框图 　　　　(b)定时限方向过电流保护的单相原理接线图

图 1-12　三段式方向电流保护的单相原理图

率方向元件才能保证选择性，而是在动作电流值的整定、动作时限的配合不能满足选择性要求时，才需要装方向元件。例如，图 1-10 的电网中，由于保护 P3 的动作时限已大于保护 P2 的动作时限，保护 P3 的过电流保护可以不装方向元件。因为在 k1 点短路时，保护 P2 先发跳闸信号，QF2 跳闸后，保护 P3 能立即返回，QF3 不会跳闸。一般来说，对于无时限电流速断保护和限时电流速断保护，利用动作电流的整定能满足选择性要求时，可以不装方向元件；对于限时电流速断保护利用动作电流值的整定和动作时限的配合能满足选择性要求时，可以不装方向元件；对于接在同一变电站母线上的所有双侧电源线路的定时限过电流保护，动作时限长可不装方向元件，动作时限短或相等则必须设方向元件。

想一想： 功率方向元件判断功率方向的依据是什么？

思考题：

(1) 方向电流保护适用于什么场合？

(2) 系统正常运行时，功率方向继电器动作是否属于误动？

任务八　方向电流保护的调试

任务实施：

(1) 学生以组为单位自主学习，熟悉 EDCS-81101 型线路保护装置各组成部分及其作用。

(2) 根据图纸，分析 EDCS-81101 型微机保护装置的接线，能用测试仪进行连接。

(3) 对 EDCS-81101 型线路保护装置方向电流进行测试与检验。

知识链接：

一、功率方向元件的工作原理

功率方向元件工作原理图如图 1-13 所示。在图 1-13（a）的网络接线图中，如果规定流过保护的电流正方向是从母线指向线路，对保护 P1 来说，当正方向 k1 点三相短路时，通过保护 P1 的短路电流由电源 $\dot{E}_{\mathrm{I}}$ 供给，保护 P1 的二次侧电流 $\dot{I}_{\mathrm{m1}}$ 反应短路电流 $\dot{I}_{\mathrm{k1}}$，滞后于该母线电压 $\dot{U}_1$ 的二次侧电压 $\dot{U}_{\mathrm{m1}}$ 一个相角 φ_{k1}（φ_{k1} 为从母线至 k1 点之间的线路短路阻抗角），其值为 $0°<\varphi_{\mathrm{k1}}<90°$，如图 1-13（b）所示；当反方向 k2 点短路时，保护 P1 的短路电流由电源 $\dot{E}_{\mathrm{II}}$ 供给，此时流过保护 P1 的二次侧电流 $\dot{I}_{\mathrm{m2}}$ 反应 $\dot{I}_{\mathrm{k2}}$，滞后于母线电压 $\dot{U}_2$ 的二次侧电压 $\dot{U}_{\mathrm{m2}}$，相角是 $180°+\varphi_{\mathrm{k2}}$（$\varphi_{\mathrm{k2}}$ 为从该母线至 k2 点之间线路的短路阻抗角），其值为 $180°<(180°+\varphi_{\mathrm{k2}})<270°$，如图 1-13（c）所示。如果以母线电压 $\dot{U}_1$ 和 $\dot{U}_2$ 作为参考相量，并设 $\varphi_{\mathrm{k1}}=\varphi_{\mathrm{k2}}=\varphi_{\mathrm{k}}$，则流过保护安装处的电流 $\dot{I}_{\mathrm{m1}}$ 和 $\dot{I}_{\mathrm{m2}}$ 在以上两种短路情况下相位相差 180°。因此，利用判别短路功率的方向或短路后电流、电压之间的相位关系就可以判别发生故障的方向。用于判别功率方向或测定电流、电压间相位角而动作的继电器称为功率方向继电器。

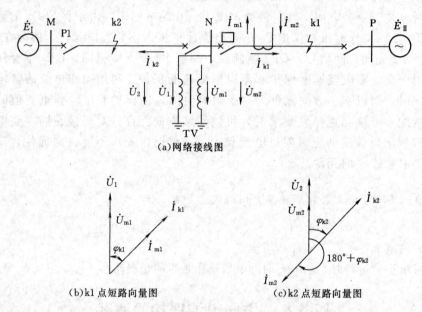

(a)网络接线图

(b)k1 点短路向量图　　　　　　　　　(c)k2 点短路向量图

图 1-13　功率方向元件工作原理图

二、功率方向元件的动作特性

为保证线路阻抗角 φ_{k1} 在 $0°\sim90°$ 范围内变化，且正方向发生故障时功率方向元件能可靠动作，功率方向元件应该在其测量角（$\varphi_{\mathrm{m}}=\arg\dfrac{\dot{U}}{\dot{I}}$）落在一个范围内时可靠动作，因此，功率方向元件应是通过测量加入其电压和电流的相角在一定范围而动作的元件，若其测量的相角 φ_{m} 超出这个范围则保护不动作。

功率方向元件的动作特性就是指其所测量的 φ_{m} 角的动作区间。通常规定 $\dot{U}_{\mathrm{m}}$ 超前 $\dot{I}_{\mathrm{m}}$ 时 φ_{m} 为正，反之为负，以功率方向元件 $\dot{U}_{\mathrm{m}}$ 为参考相量，为使线路故障时功率方向元件工作在灵敏线附近，根据短路阻抗角确定功率方向元件的灵敏角 φ_{sen}，灵敏角一般取 $-30°$

或$-45°$。功率方向元件的动作区为$-(90°+\varphi_{sen})\sim$ $(90°+\varphi_{sen})$，图 1-14 为功率方向元件的动作特性。常规功率方向继电器可通过硬件电路来实现，微机保护为通过相应的算法原理来实现对短路功率方向的测量。

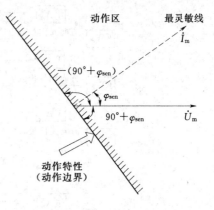

图 1-14 功率方向元件动作特性

三、功率方向元件的接线方式

相间短路的功率方向继电器的接线方式是指功率方向元件与电流互感器和电压互感器之间的连接方式，对接线方式提出如下要求：

(1) 任何类型的正方向短路故障都能动作，反方向故障时不动作。

(2) 故障后继电器的测量电流 I_m 和测量电压 U_m 应尽量大，并尽量使 φ_m 接近灵敏角 φ_{sen}，以便消除和减小方向元件的死区。

在保护正方向出口附近短路接地，故障相对地的电压很低时，功率方向元件不能动作，称为"电压死区"。为了减小和消除死区，在实际应用中广泛采用非故障的相间电压作为接入功率方向元件的电压参考相量，判别故障相电流的相位。相间短路的功率方向继电器采用 90°接线方式可满足上述要求。90°接线方式是指在三相对称情况下，当 $\cos\varphi=1$ 时，加入方向元件的电流 $\dot{I}_m$ 和电压 $\dot{U}_m$ 相位相差 90°，具体接线方式见表 1-1。

表 1-1 功率方向元件的 90°接线方式

功率方向元件	电 流	电 压
A 相	$\dot{I}_a$	$\dot{U}_{bc}$
B 相	$\dot{I}_b$	$\dot{U}_{ca}$
C 相	$\dot{I}_c$	$\dot{U}_{ab}$

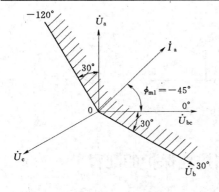

图 1-15 A 相功率方向元件正方向
故障时的动作特性图

以 A 相功率方向元件为例，以加入功率方向元件的电压 $\dot{U}_{bc}$ 为基准，A 相功率方向元件正方向故障的动作特性如图 1-15 所示。

四、方向电流保护的逻辑框图

方向电流保护逻辑框图如图 1-16 所示。在图 1-16 中，方向电流保护中方向元件是否投入由整定开关决定，整定开关的接通与断开既可以由外部连接片的投退实现，也可以由装置整定值中的控制字设定。

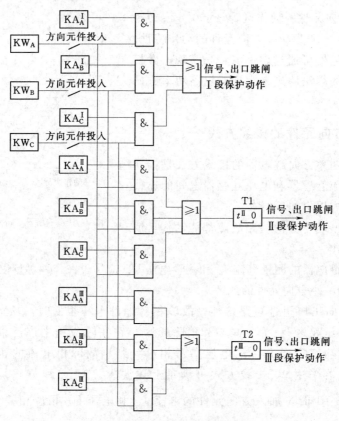

图 1-16　方向电流保护逻辑框图

想一想：若以电流为参考方向，如何作出功率方向元件的动作特性图？

任务九　方向电流保护的整定计算

任务提出：

图 1-17 为双侧电源输电网接线图。图中，在各断路器上装有阶段式方向电流保护，请完成保护 4 三段保护整定计算。

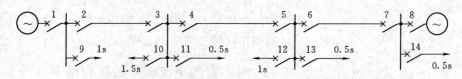

图 1-17　双侧电源输电网接线图

任务十　中性点直接接地电网接地保护的配置

引言：

110kV 系统中发生单相接地故障时系统中会出现很大的零序电流，而零序电流在正常运行情况下不存在，因此利用零序电流来构成接地短路保护可以提高保护的灵敏性。请设计图 1-18 中 110kV 系统发生单相接地时的接地保护，思考如何获得零序电压和零序电流。

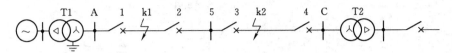

图 1-18 110kV 零序保护系统图

任务提出：

分析图 1-18 中系统发生单相接地短路时出现的物理量与三相短路的区别，并利用该特点构成相应的接地保护。

任务实施：

（1）学生分组查阅资料、分析、讨论。

（2）学生设计保护方案。

（3）老师根据学生设计好的接地保护方案进行分析、提出改进意见。

（4）学生根据老师给出的建议修改设计方案。

（5）老师根据学生的成果进行点评。

知识链接：

一、单相接地故障时零序电流、零序电压及零序功率的特点

中性点直接接地系统发生单相接地故障时，接地短路电流很大。接地故障具有如下特点：

（1）故障点的零序电压最高，离故障点越远，零序电压越低。

（2）零序电流的大小和分布，取决于线路中性点接地变压器的零序阻抗及变压器接地中性点的数目和位置，与电源的数量和位置无关。

（3）故障线路零序功率的方向与正序功率的方向相反，是由线路流向母线。

（4）某一保护（如图 1-19 中保护 1）安装点处零序电压与零序电流之间（如 U_{A0} 与 $\dot{I}_0'$）的相位差取决于背后元件（如变压器）的阻抗角，而与被保护线路的零序阻抗及故障点的位置无关。

二、零序分量滤序器

1. 零序电流滤过器

为取得零序电流，可以采用三个电流互感器按图 1-20（a）的方式连接，此时流入继电器中的电流为

$$\dot{I}_J = \dot{I}_a + \dot{I}_b + \dot{I}_c$$

发生接地故障时流入继电器的电流为零序电流，即

$$\dot{I}_J = \dot{I}_a + \dot{I}_b + \dot{I}_c = 3\dot{I}_0$$

在正常运行和相间短路时，零序电流滤过器也存在不平衡电流 I_{unb}，即

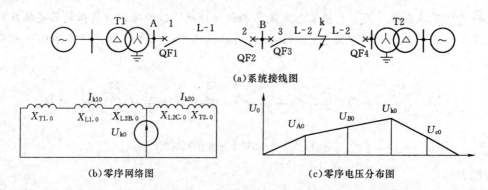

(a)系统接线图

(b)零序网络图　　　　　　　　　(c)零序电压分布图

图1-19　接地短路时零序分量网络图

$$I_J = I_{unb}$$

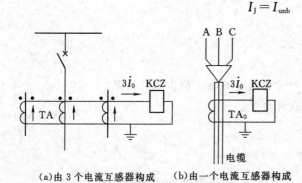

(a)由3个电流互感器构成
的零序电流滤过器

(b)由一个电流互感器构成
的零序电流

图1-20　取得零序电流的方式

它是由3个互感器铁芯的饱和程度不同以及制造过程中的某些差别引起的。

2.零序电流互感器

对于采用电缆引出的送电线路，还广泛采用零序电流互感器接线以获得$3\dot{I}_0$，如图1-20（b）所示。它和零序电流滤过器相比没有不平衡电流，同时接线也更简单。

3.零序电压互感器

为了取得零序电压，通常采用图1-21所示的3个单相电压互感器或三相五柱式电压互感器，其一次绕组接成星形并将中性点接地，二次绕组接成开口三角形。从m，n端子上得到的输出电压为

$$\dot{U}_{mn} = \dot{U}_a + \dot{U}_b + \dot{U}_c$$

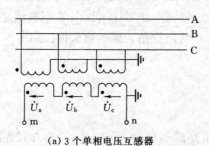
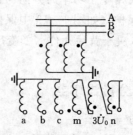

(a)3个单相电压互感器　　　　　(b)三相五柱式电压互感器

图1-21　取得零序电压的方式

发生接地故障时，输出电压U为零序电压，即

$$\dot{U}_{mn} = \dot{U}_a + \dot{U}_b + \dot{U}_c = 3\dot{U}_0$$

正常运行和电网相间短路时，理想输出$U_{mn}=0$。实际上由于电压互感器的误差及三

相系统对地不完全平衡，在开口三角形侧也有电压输出，此电压称为不平衡电压，以 U_{unb} 表示，即

$$U_{unb} = U_{mn}$$

三、零序电流保护

（一）零序电流速断保护

与相间短路的电流保护类似，零序电流速断保护启动值的整定原则如下：

（1）躲开下一条线路出口处单相接地或两相接地短路时可能出现的最大零序电流 $3I_{0max}$，即

$$I_{0.act}^{I} = K_{rel}^{I} \cdot 3I_{0.max} \tag{1-14}$$

式中　$I_{0.max}$——线路末端发生接地故障时流过保护的最大零序电流；

$\qquad K_{rel}^{I}$——可靠系数，一般取 $1.2 \sim 1.3$。

（2）躲过断路器三相触头不同期合闸时出现的零序电流，即

$$I_{0.act}^{I} = K_{rel}^{I} \cdot 3I_{0.ust} \tag{1-15}$$

式中　$I_{0.ust}$——断路器三相触头不同时合闸出现的最大零序电流。

对式（1-14）、式（1-15）的计算结果进行比较，取其中的较大值作为保护装置的整定值。

（3）如果线路上采用单相自动重合闸时，零序电流速断保护应躲过非全相运行又产生震荡时出现的最大零序电流。

（二）限时零序电流速断保护

1. 整定计算

（1）动作电流。零序Ⅱ段的启动电流应与下一段线路的Ⅰ段保护相配合。当该保护与下一段线路保护之间无中性点接地变压器时，该保护的启动电流 $I_{0.act}^{II}$ 为

$$I_{0.act}^{II} = K_{rel}^{II} I_{0.act下一条线路}^{I} \tag{1-16}$$

式中　$I_{0.act下一条线路}^{I}$——下一段线路零序Ⅰ段保护的启动值。

（2）动作时限。零序Ⅱ段的动作时限与相邻线路保护零序Ⅰ段相配合，动作时限一般取 $0.5s$。

2. 灵敏度校验

灵敏度校验要求 $K_{sen} \geqslant (1.3 \sim 1.5)$ 即

$$K_{sen} \fallingdotseq \frac{3I_{0.min}}{I_{0.act}^{II}} \tag{1-17}$$

式中　$I_{0.min}$——本线路末端接地短路的最小零序电流。

（三）零序过电流保护

零序过电流保护又称零序电流Ⅲ段保护，它用于本线路接地故障的近后备保护和相邻元件（线路、母线、变压器）接地故障的后备保护。在本线路零序电流保护Ⅰ、Ⅱ段拒动和相邻元件的保护或开关拒动时靠它来最终切除故障。在中性点接地电网中的终端线路上也可作为主保护。

1. 整定计算

躲开下一条线路出口处相间短路时出现的最大不平衡电流 $I_{unb.max}$，即

$$I_{0.act}^{\mathrm{III}} = K_{rel}^{\mathrm{III}} I_{unb.max} \tag{1-18}$$

式中　K_{rel}^{III}——可靠系数，取 1.1～1.2；

　　$I_{unb.max}$——下一条线路出口处相间短路时的最大不平衡电流。

2. 灵敏度校验

（1）作为本线路近后备保护时，按本线路末端发生接地故障时的最小零序电流 $3I_{0.min}$ 来校验，要求 $K_{sen} \geqslant 2$，即

$$K_{sen} = \frac{3I_{0.min}}{I_{0.act}^{\mathrm{III}}} \geqslant 2 \tag{1-19}$$

（2）作为相邻线路的远后备保护时，按相邻线路保护范围末端发生接地故障时流过本保护的最小零序电流 $3I_{0.min}$ 来校验，要求 $K_{sen} \geqslant 1.5$，即

$$K_{sen} = \frac{3I_{0.min}}{I_{0.act}^{\mathrm{III}}} \geqslant 1.5 \tag{1-20}$$

3. 动作时限

零序Ⅲ段电流保护的启动值一般很小，在同电压等级网络中发生接地短路时都可能动作。为保证选择性，各保护的动作时限也按阶梯原则来选择，如图 1-22 所示，只有在两个变压器间发生接地故障时才能引起零序电流，所以只有保护 4、5、6 需采用零序保护。图 1-22 中同时标出了零序过电流保护和相间短路过电流保护的动作时限，比较可知前者具有较小的动作时限，这是它的优点之一。

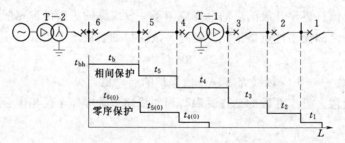

图 1-22　零序过流保护的动作时限图

💬 想一想：中性点非直接接地电网中发生单相接地时，零序分量有什么特点？与中性点直接接地电网有什么不同？中性点非直接接地电网接地保护还可以采用阶段式零序电流保护吗？

思考题：

（1）零序网络的特点是什么？

（2）大电流接地系统中，采用完全星形接线方式的相间电流保护也能反应所有接地故障，为何还要采用专门的零序电流保护？

任务十一　零序电流微机保护的调试

任务提出：

根据图 1-23 的零序电流保护逻辑框图对某微机保护装置调试并填写调试报告。

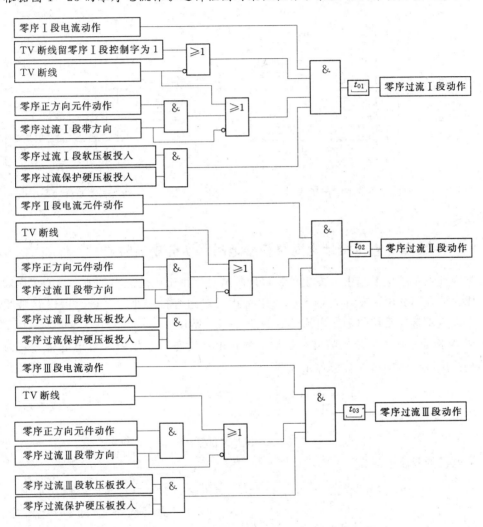

图 1-23　零序电流保护逻辑框图

任务实施：

（1）学生熟悉微机保护装置。

（2）学生设置微机保护装置整定值。

（3）学生按调试要求连接保护测试仪与微机保护装置。

（4）学生根据逻辑图对微机保护装置进行调试。

（5）学生根据测试结果填写调试报告。

（6）老师根据成果进行点评。

任务十二 中性点非直接接地电网接地保护的配置

分析图 1-24 所示中性点不接地电网发生单相接地短路时零序分量的特点，利用零序分量特点构成相应接地保护。

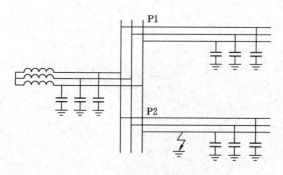

图 1-24 中性点不接地电网接线图   图 1-25 中性点不接地系统的零序电流分布

知识链接：

一、中性点非直接接地电网单相接地时零序分量的特点

在中性点不接地系统中，发生单相接地故障时，由于中性点不接地，只能依靠对地电容构成回路，因此电流很小，由于线路阻抗相对对地容抗很小，分析时可以忽略线路阻抗，中性点不接地系统的零序电流分布如图 1-25 所示。

当 A 相线路发生接地故障时，接地故障相电压为零，非故障相对地电压升高为原来的 $\sqrt{3}$ 倍。因此，故障点 k 处零序电压为

$$3\dot{U}_0 = 0 + (\dot{E}_B - \dot{E}_A) + (\dot{E}_C - \dot{E}_A) = -3\dot{E}_A$$

线路 P1 的零序电流为

$$3\dot{I}_{01} = 3\dot{U}_0 \times j\omega C_{01}$$

发电机的零序电流为

$$3\dot{I}_{0G} = 3\dot{U}_0 \times j\omega C_{0G}$$

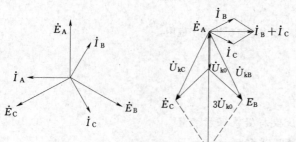

图 1-26 A 相接地故障时零序电压向量图

故障线路 P2 的零序电流为

$$3\dot{I}_{02} = -(3\dot{I}_{01} + 3\dot{I}_{0G})$$
$$= -3\dot{U}_0 \times j\omega(C_{01} + C_{0G})$$

零序电压向量图如图 1-26 所示。

综上所述，可得如下结论：

（1）单相接地时，全系统都将出现零序电压，而短路点的零序电压在数值上为相电压 U_φ。

（2）在非故障元件上有零序电流，其数值等于本相原对地电容电流，电容性无功功率的实际方向为由母线流向线路。

（3）在故障元件上，零序电流为全系统非故障元件对地电容电流的相量和，电容性无功功率的实际方向为由线路流向母线。

二、中性点非直接接地系统的接地保护

由于零序电流很小，依靠零序电流构成的保护灵敏度往往达不到要求。尤其在架空线路与电缆混架的变电所，电缆线路的对地电容大，当架空线路故障时，故障线路与电缆线路的故障电流接近，此时无法保证选择性。目前，还没有完整的中性点非直接接地电网接地保护。一般采取如下措施。

1. 绝缘监视装置

在发电厂和变电所的母线上，一般装设网络单相接地监视装置，它利用接地后出现的零序电压带延时动作于信号。绝缘监视装置原理接线如图 1-27 所示。

三相五柱式电压互感器高压侧中性点经隔离开关接地。当系统中发生接地故障时此隔离开关拉开，否则接地故障在 2h 内不能消除会把电压互感器烧坏。

正常运行时，系统三相电压对称，没有零序电压，当系统任一出线发生接地故障时，接地相对地电压为零，而其他两相对地电压升高 $\sqrt{3}$ 倍，同时在开口三角处出现零序电压，过电压继电器 KV 动作，发出接地信号。

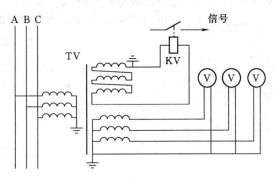

图 1-27　绝缘监视装置原理接线图

绝缘监视装置不能发现哪一路发生接地故障，要想知道是哪一条线路发生故障，需由运行人员顺次短时断开每条线路。当断开某条线路时，若零序电压信号消失，即表明接地故障是在该条线路上。缺点是由于依次拉闸，会造成短时停电。

2. 零序电流保护

零序电流保护是利用故障线路零序电流比非故障线路大的特点实现有选择地发出信号或动作于跳闸的保护装置。

零序电流保护的原理接线图如图 1-28 所示，保护装置由零序电流互感器 T_0 和零序电流继电器 KCZ 组成。零序电流保护装置的启动电流 I_{act} 必须大于本线路的零序电容电流（即非故障时本身的电容电流），即

$$3\dot{I}_{act} = K_{rel} 3 U_{\varphi} \omega C_0$$

式中　U_{φ}——线路的对地电压；

　　　C_0——本线路每相的对地电容；

　　　K_{rel}——可靠系数，瞬时动作的零序电流保护 K_{rel} 取 4～5，延时动作的零序电流保护 K_{rel} 取 1.5～2.0。

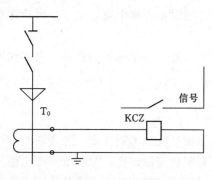

图 1-28　零序电流保护原理接线图

系统出线越多，全网络的电流越大；被保护线路的电容电流越小，零序电流保护的灵敏系数就越容易满足要求。

3. 零序方向保护

在出线较少的情况下，非故障线路零序电流与故障线路零序电流差别可能不大，采用零序电流保护灵敏度很难满足要求。此时可采用方向性零序电流保护。由上节分析可知，中性点不接地电网发生单相接地时，非故障线路零序电流超前零序电压 90°；故障线路零序电流滞后零序电压 90°。因此，利用零序功率方向继电器可区分故障线路和非故障线路。此时，方向性零序电流保护的接线和工作原理与大电流接地系统的方向性零序电流保护类似，只是在使用中应注意相应的零序功率方向继电器要采用正极性接入方式接入 $3\dot{U}_0$ 和 $3\dot{I}_0$，且最大灵敏角为 90°。

通过对零序电流与零序功率方向的综合判断来确定故障线路。判据为

$$3I_0 \geqslant I_{0.\text{act}}$$

$$\arg \dot{U}_0 / \dot{I}_0 = 90°$$

式中　$I_{0.\text{act}}$——零序电流动作值。

项目二　电网距离保护的配置与调试

引言：

电流、电压保护的主要优点是简单、可靠、经济，但是，它的灵敏度受电网接线以及电力系统运行方式变化的影响。灵敏系数和保护范围往往不能满足要求，对于容量大、电压高或结构复杂的网络，难以满足电网对保护的要求。电流、电压保护一般只适用于 35kV 及以下电压等级的配电网。对于 110kV 及以上电压等级的复杂网，线路保护应采用什么保护方式？110kV 系统接线如图 2-1 所示，AB 线路的末端 B 点发生相间短路时，系统出现什么现象？系统如何判断出现故障？采取什么措施切除短路电流？

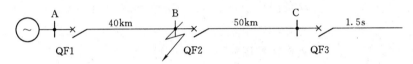

图 2-1　110kV 系统接线图

想一想： 如何构成距离保护装置？

任务一　电流保护与距离保护的比较

任务提出：

随着电力系统的发展，电网的容量更大、结构更复杂。在电力系统中当最大、最小运行方式相差较大或者输电线路负载过重时，简单的电流保护可能在某种运行方式下失效。因此，需要配置一种适合高压电网的保护方式。

任务实施：

（1）学生在微机保护实验平台上设置好系统运行参数，使电流Ⅰ段保护在最大运行方式下可以动作，最小方式下不能动作。

（2）老师把微机保护实验平台切换到距离Ⅰ段保护，其他参数不变，重复上述试验步骤，观察保护动作情况。

（3）学生根据动作结果找出距离保护与电流保护的区别。

（4）老师根据学生的成果进行点评。

想一想： 在实验中设置的距离保护的保护范围是否受系统运行方式的影响？为什么？

知识链接：

距离保护是一种可以满足高压电网发展要求的保护，它可以在任何形式电网中选择性地切除故障，并且有很好的快速性和灵敏性。

1. 距离保护的基本原理

距离保护是反应保护安装处至故障点的距离，并根据距离的远近确定动作时限的一种保护装置。测量保护安装处至故障点的距离，实际上是测量保护安装处至故障点之间的阻抗大小，因此有时又称阻抗保护。正常运行时，保护安装处测量到的线路阻抗为负荷阻抗Z_1，即

$$Z_k = \dot{U}_k / \dot{I}_k = \dot{U}_e / \dot{I}_1 = Z_1$$

当发生线路故障时，母线测量电压为$\dot{U}_k = \dot{U}_d$，输电线路上测量电流为$\dot{I}_k = \dot{I}_d$，这时的测量阻抗为保护安装处至故障点的短路阻抗Z_d，即

$$Z_k = \dot{U}_k / \dot{I}_k = \dot{U}_d / \dot{I}_d = Z_d$$

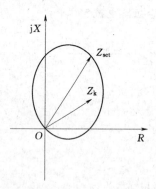

图 2-2 阻抗动作示意图

短路后，母线电压下降，流经保护安装处的电流增大，短路阻抗Z_d比正常时测量到的Z_1大大降低，距离保护的实质是用整定阻抗Z_{set}与被保护线路的测量阻抗Z_k比较。阻抗动作示意图如图 2-2 所示。

图 2-2 中短路点在保护范围内时，即当$Z_k < Z_{set}$时保护动作；当短路点在保护范围外时，即当$Z_k > Z_{set}$时，保护不动作。因此，距离保护又称为低阻抗保护。

2. 距离保护的时限特性

距离保护利用测量阻抗反映保护安装处到短路点之间的距离，为了保证选择性，阶梯形时限特性获得广泛应用，这种时限特性与三段式电流保护的时限特性相同。距离保护Ⅰ段瞬间动作，其动作时限t_I仅为保护装置的固有动作时间。为了与下一条线路的Ⅰ段保护有选择性地配合，两者保护范围不能重叠，因此，Ⅰ段保护的保护范围不能延伸到下一线路中，而应为本线路全长的 80%～85%，即Ⅰ段保护的动作阻抗整定为线路全长阻抗的 80%～85%。为了有选择性地动作，距离Ⅱ段保护的动作时限和启动值要与相邻下一条线路保护的Ⅰ段和Ⅱ段相配合。根据相邻线路之间选择性的配合原则，如果两者的保护范围重叠，则两保护的动作时限整定不同；如果动作时限相同，则保护范围不能重叠。距离Ⅲ段保护为本线路和相邻线路（元件）的后备保护，其动作时限$t_Ⅲ$的整定原则与过电流保护相同，即大于下一条变电站母线出线保护的最大动作时限一个Δt，其动作阻抗应按躲过正常运行时的最小负荷阻抗来整定。

3. 距离保护的接线方式

阻抗元件的接线方式是指接入阻抗元件相别电压和相别电流的组合方式。其要求是：

（1）阻抗继电器的测量阻抗必须正比于保护安装处到故障点的距离，与电网运行方式无关。

（2）阻抗继电器的测量阻抗与故障类型无关，保护范围不随故障类型而变。

表 2-1　　　　　　　　　　　　　常用的继电器接线方式

接线方式	KZ1		KZ2		KZ3	
	$\dot{U}_k$	$\dot{I}_k$	$\dot{U}_k$	$\dot{I}_k$	$\dot{U}_k$	$\dot{I}_k$
0°接线	$\dot{U}_{AB}$	$\dot{I}_A-\dot{I}_B$	$\dot{U}_{BC}$	$\dot{I}_B-\dot{I}_C$	$\dot{U}_{CA}$	$\dot{I}_C-\dot{I}_A$
反应接地短路的接线方式	$\dot{U}_A$	$\dot{I}_A+K3\dot{I}_0$	$\dot{U}_B$	$\dot{I}_B+K3\dot{I}_0$	$\dot{U}_C$	$\dot{I}_C+K3\dot{I}_0$

在表 2-1 中，0°接线是指当 $\cos\varphi=1$ 时，加入继电器的电压和电流之间的夹角为 0°。阻抗继电器用于构成相间距离保护时采用 0°接线，用于构成接地距离保护时采用零序补偿接线，零序补偿接线即表 2-1 中的反应接地短路的接线方式。在线路发生各种故障时，阻抗继电器动作情况见表 2-2。

表 2-2　　　　　　　　　　　各种故障时阻抗继电器动作情况

阻抗元件	AN	BN	CN	ABN	BCN	CAN	AB	BC	CA	ABC
KZ_A	√	×	×	√	×	√	×	×	×	√
KZ_B	×	√	×	√	√	×	×	×	×	√
KZ_C	×	×	√	×	√	√	×	×	×	√
KZ_{AB}	×	×	×	×	×	×	√	×	×	√
KZ_{BC}	×	×	×	×	√	×	×	√	×	√
KZ_{CA}	×	×	×	×	×	√	×	×	√	√

注　AN 表示 A 相接地，其余类推。正确测量为"√"，错误测量为"×"。

从表 2-2 可以看出，发生故障时只有故障相相关的阻抗继电器可以正确测量，因此有必要选出故障相，用对应的故障相阻抗继电器计算，可以减少计算时间，加快微机保护的动作速度。

想一想：构成相间短路的距离保护和构成接地短路的距离保护有什么异同点？

任务二　距离Ⅰ段保护的配置与调试

任务提出：

图 2-3 中 110kV 系统接线图 B 点发生三相短路分析系统的物理量会发生什么变化？请在输电线路微机保护平台上模拟测试，观察保护动作情况。

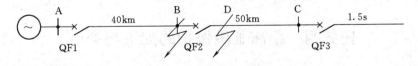

图 2-3　110kV 系统接线图

任务实施：

（1）学生分析图 2-3 中 B 点发生三相短路时系统中各物理参数的变化情况并分析线

路阻抗与线路长度（距离）的关系。

（2）学生在微机保护装置上只投距离Ⅰ段保护，退出不需要的保护。

（3）模拟线路上的B点故障按下短路按钮，观察保护动作情况。

（4）学生观察动作结果的正确性并分析原因。

（5）老师根据学生的成果进行点评。

 想一想： 在图2-3中B变电站的出口处D点发生三相短路所设计的保护能否动作？距离Ⅰ段保护能否单独构成线路AB的主保护？

任务三　距离Ⅱ段保护的配置与调试

任务提出：

在线路微机保护平台上，模拟线路B变电站的出口处D点故障，按下短路键观察保护装置能否动作。如果距离Ⅰ段保护装置能动作说明什么问题？用什么方法能满足保护装置的四项基本要求？

任务实施：

（1）学生分析图2-3中B变电站的出口处D点发生三相短路故障时系统中各物理参数的变化情况并分析线路阻抗与线路长度（距离）的关系。

（2）学生在微机保护装置上只投距离Ⅰ段保护，退出不需要的保护。

（3）模拟线路上的D点故障按下短路按钮，观察保护动作情况。

（4）学生观察动作结果并分析原因，同时找出解决问题的方法。

（5）老师根据学生的成果进行点评。

结论：通过该任务发现线路D点短路时保护装置在选择性上不能满足要求，如果要满足选择性的要求则必须缩小保护范围，所以距离Ⅰ段保护不能单独构成线路AB的主保护。要构成线路的主保护就必须增加一套保护装置即距离Ⅱ段保护。距离Ⅱ段保护能保护AB线路的全长也必然会保护到下一条线路BC所以距离Ⅱ段保护在时间上必须得与BC线路距离Ⅰ段或者距离Ⅱ段进行配合否则同样也会出现选择性错误。

 想一想： 距离Ⅱ段保护能否单独构成线路AB的相间短路主保护？距离Ⅰ、Ⅱ两段保护组合在一起能否构成线路AB的相间短路主保护？当距离Ⅰ、Ⅱ两段保护同时出现拒动时为了不扩大停电范围有什么解决方法？

任务四　距离Ⅲ段保护的配置与调试

任务提出：

在输电线路微机实验平台上投入距离Ⅰ、Ⅱ两段保护，模拟输电线路上任意位置短路，校验微机保护装置是否能动作。然后退出距离Ⅰ、Ⅱ两段保护，重复上述过程校验微机保护装置能否动作，分析动作和不动作的原因，并找出解决方案。

任务实施：

实施步骤一：

（1）学生在微机保护装置上设置好距离Ⅰ、Ⅱ段保护的动作值。

（2）投入距离Ⅰ、Ⅱ段保护的硬压板，退出距离Ⅲ段保护的硬压板。

（3）学生模拟在线路上任意位置点按下短路按钮，观察保护动作情况。

实施步骤二：

（1）学生在微机保护装置上设置好距离Ⅰ、Ⅱ段保护的动作值。

（2）退出距离Ⅰ、Ⅱ段保护的硬压板，投入距离Ⅲ段保护的硬压板。

（3）学生模拟在线路上任意位置点按下短路按钮，观察保护动作情况。

结论：通过该任务发现当距离Ⅰ、Ⅱ两段保护都投入时在线路 AB 上任意位置发生短路故障微机保护装置都能正确动作并切除故障线路，这说明距离Ⅰ、Ⅱ段保护能构成线路 AB 的主保护；当把距离Ⅰ、Ⅱ两段保护都退出时发现在线路 AB 上发生短路故障时保护装置不动作，说明在线路上当主保护失灵或者出现故障时保护装置不能切除故障线路，因此，为避免出现扩大停电事故的发生，在一条线路上除了有主保护外还必须装设后备保护装置，这就是距离Ⅲ段保护。因为距离Ⅲ段保护除了作为本级线路的后备保护外还必须作为相邻线路的后备保护，所以其动作值设置一般较小，因此必须考虑其动作时间与相邻线路的配合，否则就会出现选择性错误。

思考题：

三段式电流保护与三段式距离保护有什么区别？

知识链接：

阻抗元件（阻抗继电器）是距离保护装置的核心元件，主要作为测量元件，也可以作为启动元件和功率方向元件。

1. 阻抗继电器的特性

按相测量阻抗继电器称为单相式阻抗继电器，在继电器上只施加一个电压 U_k 和一个电流 I_k。电压与电流之比是阻抗，即 $\dfrac{\dot{U}_k}{\dot{I}_k} = Z_k$。继电器动作情况取决于 $\dfrac{\dot{U}_k}{\dot{I}_k}$ 的值（即测量阻抗），当测量阻抗 Z_k 小于整定值 Z_{set} 时动作，大于整定值时不动作。运行中的阻抗器接入电流互感器 TA 和电压互感器 TV 的二次侧，其测量阻抗与系统一次侧阻抗之间的关系为

$$Z_k = \frac{\dot{U}_k}{\dot{I}_k} = \frac{U_{k1}/K_{TV}}{I_{k1}/K_{TA}} = \frac{K_{TA}}{K_{TV}} Z_{k1} \tag{2-1}$$

对于单相阻抗继电器的动作范围，原则上在阻抗复数平面上用一个小方框可以满足要求。但是当短路点有过渡电阻存在时，阻抗继电器的测量阻抗将不在幅角为 φ_k 的直线上，此外，因电压互感器、电流互感器都存在角误差，使测量阻抗角发生变化。所以，要求阻抗继电器的动作范围不是以 φ_k 为幅角的直线，而应将其动作范围扩大，扩大为一个面或圆。如图 2-4 所示（但整定值不变）。

2. 全阻抗继电器的动作特性

全阻抗继电器动作边界的轨迹在复数阻抗平面上是一个以坐标原点为圆心（相当于继

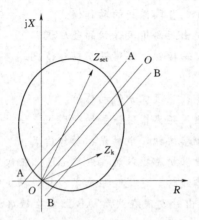

图 2-4　方向阻抗继电器特性图

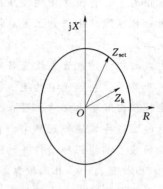

图 2-5　全阻抗继电器特性图

电器安装点），以整定阻抗 Z_{set} 为半径的圆，如图 2-5 所示，圆内为动作区，圆外为非动作区。其特点如下：

（1）无方向性。当测量阻抗位于圆外时，不满足动作条件，继电器不动作；当测量正好位于圆周上时，处于临界状态，继电器刚好动作，此时的阻抗是继电器的启动阻抗 Z_{act}；当保护正方向短路时，测量阻抗位于第 Ⅰ 象限，当保护反方向短路时，测量阻抗位于第 Ⅲ 象限，但保护的动作行为与方向无关，只要测量阻抗小于整定阻抗，落在动作特性圆内，阻抗继电器就动作。

（2）无论加入继电器的电压与电流之间的相角 φ_k 为多大，继电器的动作与整定阻抗在数值上都相等，即

$$Z_{act} = Z_{set} \tag{2-2}$$

由图 2-5 全阻抗继电器的动作特性（比幅式）可知其动作条件可用阻抗的幅值来表示，即

$$|Z_k| < |Z_{set}| \tag{2-3}$$

可得到用电压幅值比较的全阻抗继电器的动作方程为

$$|K_u \dot{U}_k| \leqslant |K_I \dot{I}_k| \tag{2-4}$$

这样就将两个阻抗的比较转换成两个电压的比较。

相应的动作方程为

$$|\dot{U}_k| < |\dot{I}_k Z_{set}| \tag{2-5}$$

$$-90° < \arg \frac{\dot{I}_k Z_{set} - \dot{U}_k}{\dot{I}_k Z_{set} + \dot{U}_k} < 90° \tag{2-6}$$

3. 方向阻抗继电器的动作特性

由于全阻抗继电器的动作没有方向性，在使用中，将它作为距离保护的测量元件，还必须加装方向元件，从而使保护装置复杂化。为了简化保护装置的接线，选用方向阻抗继电器，它既能测量短路阻抗，又能判断故障的方向。

全阻抗继电器之间所以没有方向性，是因为特性圆的圆心在圆点，因此阻抗角对动作没有影响。如果将圆心搬离原点，即将保护安装处置于复平面坐标原点，作以整定阻抗 Z_{set} 为直径的圆，该圆即为方向阻抗继电器的动作特性圆，如图 2-6 所示。圆内为动作区，圆外为非动作区，方向阻抗继电器的特点是具有方向性。当正方向发生短路故障时，测量阻抗 Z_k 位于第Ⅰ象限，只要测量阻抗 Z_k 落在圆内，继电器就动作；当反方向发生短路故障时，位于第Ⅲ象限，继电器不动。坐标原点到圆周的相量称为动作阻抗，用 Z_{act} 表示，由图 2-6 可知，动作阻抗的大小与加入继电器的电压、电流相位差，即测量阻抗角有关，当测量阻抗角改变时，继电器的动作阻抗也随之改变，若 $\varphi_k = \varphi_{sen}$，则动作阻抗 Z_{act} 最大并且等于整定阻抗，即圆的直径。φ_{set} 为整定阻抗角，此时保护范围最长，继电器也最灵敏，所以将 Z_{set} 此时的阻抗角称为最大灵敏角 φ_{sen}。输电线路的阻抗角一般是不变的，如果令最大灵敏角等于线路的阻抗角，则在短路时继电器动作最灵敏。因此，为使继电器在区内故障时动作最灵敏，应调整继电器的灵敏角等于被保护线路的阻抗角。

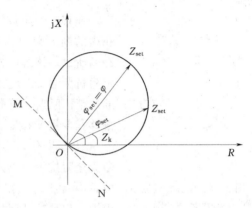

图 2-6　方向阻抗继电器特性图

可见，方向阻抗继电器既能测量阻抗的大小，同时又能判别短路故障的方向（即能进行阻抗角的测量），一般规定，短路电流由母线流向线路时为动作方向，反之则为不动作方向。

对于某一被保护线路来说，整定阻抗的大小和相位都是固定的，而测量阻抗是随机变化的。为了得到方向阻抗继电器测量阻抗幅值比较的动作方程，根据整定阻抗的大小及测量阻抗变化情况作出方向阻抗继电器的动作特性圆。当继电器处于临界状态，有可能动作，也可能不动作。如果不动作，则造成保护拒动，即保护安装处存在死区；当保护安装处背后出口发生金属性短路时，同样使 $\dot{U}_k = 0$，继电器处于临界状态，这时继电器如果动作，则形成保护装置的误动。相应的动作方程为

$$\left| Z_k - \frac{Z_{set}}{2} \right| < \left| \frac{Z_{set}}{2} \right| \tag{2-7}$$

可以变换为电压的形式：

$$\left| Z_k - \dot{I}_k \frac{Z_{set}}{2} \right| < \left| \dot{I}_k \frac{Z_{set}}{2} \right| \tag{2-8}$$

$$-90°<\arg\frac{\dot{I}_k Z_{set}-\dot{U}_k}{\dot{U}_k}<90° \qquad (2-9)$$

4. 偏移特性阻抗继电器的动作特性

方向阻抗继电器主要缺点是有电压死区，为了消除死区而又具有一定的方向性，常采用一种动作特性介于全阻抗继电器与方向继电器之间的阻抗继电器，即偏移特性阻抗继电器。

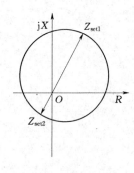

图 2-7 偏移特性阻抗
继电器特性图

偏移特性阻抗继电器在复数阻抗平面上是一个包括坐标原点在内的圆，圆内为动作区，圆外为非动作区，其动作特性如图 2-7 所示。该继电器有两个整定阻抗，正方向（第 I 象限）的整定阻抗为 Z_{set1}，反方向（第 III 象限）整定阻抗为 $-Z_{set2}$，特性圆不通过坐标原点，而向反方向移动一定距离，即偏移量为 $|-Z_{set2}|$，偏移程度用偏移度 α 或反方向动作阻抗值来表示。偏移度 α 值在 $0\sim1$ 之间变化，当 $\alpha=0$ 时，即为方向阻抗继电器；当 $\alpha=1$ 时，即为全阻抗继电器。偏移特性阻抗继电器的动作阻抗 Z_{act} 与 φ_k 有关，当 $\alpha\neq1$ 时，在反方向也可能动作，所以方向性不好。实际应用中，偏移特性阻抗继电器用作距离或高频保护的启动元件，或距离 II 段的测量元件，偏移度 α 一般取 $10\%\sim20\%$，用以消除三相短路时母线和靠近母线处方向阻抗继电器的死区。

动作方程为

$$\left|U_k-\dot{I}_k\frac{Z_{set1}+Z_{set2}}{2}\right|<\left|\dot{I}_k\frac{Z_{set1}-Z_{set2}}{2}\right| \qquad (2-10)$$

$$-90°<\arg\frac{\dot{U}_k-\dot{I}_k Z_{set2}}{\dot{I}_k Z_{set1}-\dot{U}_k}<90° \qquad (2-11)$$

偏移特性阻抗继电器的主要优点是无电压死区，接线简单，但在反方向某一区域内没有方向性。因此，为了防止反方向故障的误动，可将特性圆反方向整定阻抗限制在反方向保护装置第 I 段保护范围内，同时保护装置的动作时间大于反方向保护装置的第 I 段动作时限。

5. 四边形阻抗继电器的动作特性

电力系统中广泛采用图 2-8 所示的四边形阻抗继电器来提高抗过渡电阻的能力，四边形内部为动作区。其中，整定阻抗 Z_{set} 按照三段式整定原则整定，整定阻抗 R_{set} 按照小于最小负荷阻抗 $Z_{L.min}$ 的电阻量整定。

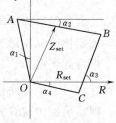

图 2-8 四边形阻抗
继电器特性图

四边形阻抗继电器的动作方程为

折线 AOC

$$-\alpha_4<\arg Z_k<90°+\alpha_1 \qquad (2-12)$$

线段 AB

$$\alpha_2<\arg(Z_k-Z_{set})<180°+\alpha_2 \qquad (2-13)$$

线段 BC

$$\alpha_3 < \arg(Z_k - R_{set}) < 180° + \alpha_3 \qquad (2-14)$$

思考题：

(1) 全阻抗继电器有无死区？为什么？

(2) 请比较全阻抗继电器、方向阻抗继电器各特性圆参数的特点。

任务五　阶段式距离保护的配置与整定

任务提出：

在图 2-9 中对线路 AB 配置距离保护并对配置好的保护进行整定计算。Ⅰ、Ⅱ段保护的可靠系数均取 0.8，Ⅲ段保护可靠系数取 1.25，自启动系数取 1，返回系数取 1.17；最大负荷电流为 400A；线路额定电压为 110kV；功率因数为 0.86；线路单位阻抗为 0.4Ω/km；线路阻抗角为 75°。

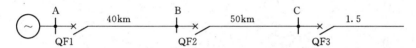

图 2-9　110kV 系统接线图

任务实施：

(1) 学生分析图 2-9 中线路 AB 需要装设哪几段距离保护。

(2) 学生根据确定好的保护选择需采用的阻抗继电器。

(3) 学生进行整定计算。

(4) 老师根据学生的成果进行点评。

知识链接：

一、距离保护的整定原则

目前运行中的距离保护种类繁多、形式多样，但其最核心的继电器是阻抗继电器，不同特性阻抗继电器的整定方法不完全相同。为了保证距离保护能够正确整定计算，保证电力系统的安全运行，在整定时需要注意以下问题：

(1) 各种保护在动作时限上按阶梯时限进行配合。

(2) 相邻元件的保护之间、主保护与主保护之间、后备保护与后备保护之间均应配合。

(3) 相间保护与相间保护之间、接地保护与接地保护之间以及反应不同类型故障的保护之间不能相互配合。

(4) 上一线路与下一线路所有相邻线路的保护之间均须相互配合。

(5) 不同特性的阻抗继电器在使用中还需考虑整定配合。

(6) 对于接地距离保护，只有在整定配合要求不是很严格的情况下才能按照相间距离保护的整定计算原则进行整定配合。

（7）了解所选用保护采用的接线方式、反应的故障类型、阻抗继电器的特性、最大灵敏角范围、精工电流的数值、采用的段数等特点。

二、距离保护的整定计算

1. 距离保护 Ⅰ 段整定计算

根据图 2-10，当被保护线路无中间分支线路（或分支变压器）时定值计算按躲过本线路末端故障整定，一般可按被保护正序阻抗的 $80\%\sim85\%$ 整定，即

$$Z_{\text{set.1}}^{\text{I}} = K_{\text{rel}}^{\text{I}} Z_{\text{MN}} \tag{2-15}$$

式中，$K_{\text{rel}}^{\text{I}}$ 取 $0.8\sim0.85$。

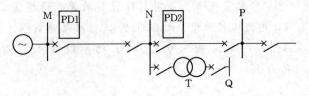

图 2-10　整定计算图

2. 距离保护 Ⅱ 段整定计算

（1）按与相邻线路距离保护 Ⅰ 段配合整定

$$Z_{\text{set.1}}^{\text{II}} = K_{\text{rel}}^{\text{II}}(Z_{\text{MN}} + K_{\text{bra.min}} Z_{\text{set.2}}^{\text{I}}) \tag{2-16}$$

（2）按躲过相邻变压器其他侧母线故障整定

$$Z_{\text{set.1}}^{\text{II}} = K_{\text{rel}}^{\text{II}}(Z_{\text{MN}} + K_{\text{bra.min}} Z_{\text{T}}) \tag{2-17}$$

最大灵敏角

$$\varphi_{\text{sen}} = \varphi_{\text{l}} \tag{2-18}$$

式中　φ_{l}——线路正序阻抗角。

（3）保护动作时间

$$t_{\text{II}} \geqslant t_{\text{II}}' + \Delta t$$

式中　t_{II}'——相邻距离保护 Ⅱ 段动作时间。

（4）灵敏度校验

$$K_{\text{sen}} = \frac{Z_{\text{set.1}}^{\text{II}}}{Z_{\text{MN}}} \geqslant 1.25 \tag{2-19}$$

3. 距离保护 Ⅲ 段整定计算

（1）按躲过线路最小负荷阻抗配合整定

$$Z_{\text{set.1}}^{\text{III}} = \frac{Z_{\text{L.min}}}{K_{\text{rel}}^{\text{III}} K_{\text{re}} K_{\text{Ms}}} \tag{2-20}$$

（2）距离Ⅲ段的灵敏度

近后备灵敏度整定为

$$K_{sen} = \frac{Z_{set.1}^{Ⅲ}}{Z_{MN}\cos(\varphi_k - \varphi_L)} \geqslant 1.5 \tag{2-21}$$

远后备保护灵敏度整定为

$$K_{sen} = \frac{Z_{set.1}^{Ⅲ}}{(Z_{MN} + K_{bra.max}Z_{NP})\cos(\varphi_k - \varphi_L)} \geqslant 1.2 \tag{2-22}$$

4. 距离保护各段动作时限的选择配合原则

（1）距离保护Ⅰ段的动作时限。距离保护Ⅰ段的动作时限按保护装置本身的固有动作时间，一般不大于 0.03～0.01s，不作特殊计算。

（2）距离保护Ⅱ段的动作时限。

距离保护Ⅱ段的动作时限应按阶梯式特性逐段配合。当距离保护Ⅱ段与相邻线路距离保护Ⅰ段配合时，若距离保护Ⅰ段动作时限（本身固有动作时间）小于 0.1s 时，Ⅱ段动作时限可按 0.5s 考虑；当相邻距离保护Ⅰ段动作时限大于 0.1s，或者与相邻变压器差动保护配合时，则距离保护Ⅱ段动作时限可选为 0.5～0.6s。当距离保护Ⅱ段与相邻距离保护Ⅱ段配合时，Ⅱ段动作时限为相邻距离保护Ⅱ段的时限加 Δt，Δt 一般取 0.5～0.6s。当相邻母线上有失灵保护时，距离Ⅱ段的动作时限尚应与失灵保护配合，但为了降低主保护的动作时间，此情况的配合级差 Δt 一般取 0.2～0.25s。

（3）距离保护Ⅲ段的动作时限。距离保护Ⅲ段的动作时限仍应遵循阶梯式原则。

任务六　110kV 线路微机保护的配置与调试

任务提出：

根据图 2-11、图 2-12 对某微机保护装置调试、填写调试报告（见附件二）。

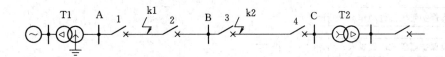

图 2-11　110kV 系统图

任务实施：

（1）学生熟悉微机保护装置。

（2）学生对微机保护装置下定值。

（3）学生按调试要求连接保护测试仪与微机保护装置。

（4）学生根据逻辑图 2-11 和图 2-12 对微机保护装置进行调试。

（5）学生根据测试结果填写调试报告。

（6）老师根据成果进行点评。

图 2-12　微机距离保护逻辑图

知识链接：

影响距离保护正确工作的因素

为了保证距离保护能正确测量短路点至保护安装处的距离，除了采用正确的接线方式外，还应充分考虑在实际运行中保护装置会受到一些不利因素的影响，使之发生误动。一般来说，影响距离保护正确动作的因素有：

（1）短路点的过渡电阻。

（2）在短路点与保护安装处之间有分支电路。

（3）电力系统振荡。

（4）TV 二次回路断线。

一、过渡电阻

1. 短路点过渡电阻的特性

电弧电阻随电弧电流数值和电弧长度而变。电弧电阻的数值为

$$R_t = 1050 \frac{l_{arc}}{I_{arc}} \qquad (2-23)$$

电弧的长度和电流随着时间而变化，短路初始瞬间电流最大，电弧长度最小，电弧电阻的数值最小。经过几个周期，由于短路点的空气流动和电动力的作用，电弧将逐渐拉长，致使电弧电阻增大，开始增大较慢，大约经过 $0.1 \sim 0.5s$ 后急剧上升。相间短路时，过渡电阻主要由电弧电阻构成；接地短路时，过渡电阻是故障电流从相到地回路中各部分的总电阻，除电弧电阻外，还包括杆塔接地电阻和杆塔电阻等。

2. 过渡电阻对距离保护的影响

图 2-13 为单侧电源网络通过过渡电阻 R_g 短路接线图。过渡电阻 R_g 的存在必然使测量阻抗增大，保护范围缩小。过渡电阻给距离保护的性能带来较大影响，但对不同地点的保护装置影响不同。当过渡电阻 R_g 的数值较大时，可能导致距离保护装置的无选择性动作。通过分析可知，过渡电阻的数值对阻抗元件工作影响较大，保护装置的整定值越小，则受过渡电阻的影响越大。在较短线路上的距离保护装置应特别注意过渡电阻的影响，在校验距离元件的灵敏度时，应该计及过渡电阻的影响。

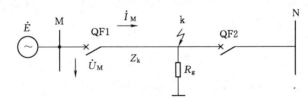

图 2-13　单侧电源网络图

3. 防止过渡电阻影响的措施

（1）采用带偏移特性的阻抗继电器。采用能容许较大过渡电阻而不致使拒动的阻抗继电器，例如电抗型继电器、四边形动作特性继电器、偏移特性阻抗继电器等。

（2）采用瞬时测量装置。瞬时测量就是将测量元件的初始动作状态通过启动元件的动作固定。

二、分支电路

当保护安装处与短路点有分支线时，分支电流对阻抗继电器的测量阻抗有影响，现分两种情况加以讨论。

1. 助增电流的影响

图 2-14 为助增电流对测量阻抗影响的分析图。当线路 BD 上 k 点发生短路故障时，

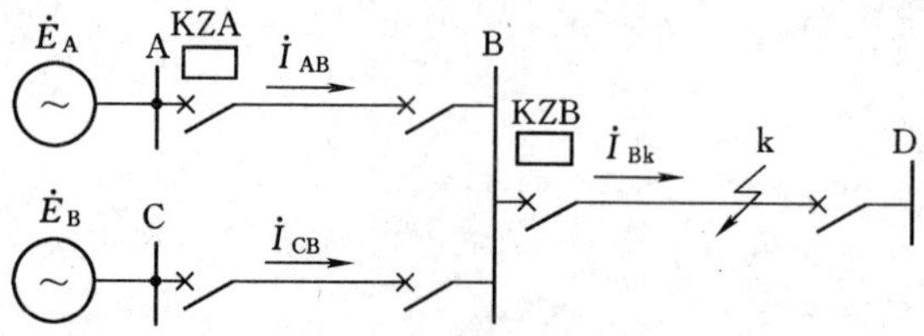

图 2-14　助增电流对距离保护影响分析图

由于在短路点 k 和 KZA 之间还有分支电路 CB 存在，因此 $\dot{E}_A$、$\dot{E}_B$ 两个电源均向短路点提供短路电流。这时故障线路中的电流为 $\dot{I}_{Bk} = \dot{I}_{AB} + \dot{I}_{CB}$。流过非故障线路 CB 的电流为 $\dot{I}_{CB}$。电流 $\dot{I}_{CB}$ 流向故障点，但不流过保护装置 KZA。若短路点 k 在距离保护 KZA 的第 II 段保护范围内，则此时阻抗继电器 KZA 的测量阻抗为

$$Z_{kA} = \frac{\dot{I}_{AB} Z_{AB} + \dot{I}_{Bk} Z_{Bk}}{\dot{I}_{AB}} = Z_{AB} + \frac{\dot{I}_{Bk}}{\dot{I}_{AB}} Z_{Bk}$$
$$= Z_{AB} + K_{bra} Z_{Bk} \tag{2-24}$$

式中　K_{bra}——分支系数（助增系数），其定义为 $K_{bra} = \dfrac{\dot{I}_{Bk}}{\dot{I}_{AB}}$。

当助增电流使测量阻抗增大较多时，保护 KZA 的第 II 段可能不动作。因此助增电流实际上降低了保护 KZA 的灵敏度，但并不影响与保护 KZA 第 I 段配合的选择性，也不影响保护 KZB 第 I 段测量阻抗的正确性。为了保证保护装置的第 II 段保护区的长度不变，在整定保护 KZA 的第 II 段时引入分支系数，适当地增大保护的动作阻抗，以抵消由于助增电流的影响而导致的保护区缩短。分支系数与系统的运行方式有关，在整定计算时应取实际可能运行方式下的最小值，以保证保护的选择性；如果取实际可能运行方式下的最大值，则当运行方式变化，分支系数减少时，将造成阻抗继电器的测量阻抗减少，保护范围伸长，有可能使保护无选择性动作。

2. 汲出电流的影响

如果保护安装处与短路点连接的不是分支电源而是负荷或单回线与平行线相连的网络，短路点位于平行线上，则阻抗继电器的测量阻抗也相应变化。图 2-15 为单回线与平行线相连的网络，当在平行线之一的 k 点发生相间短路时，又 A 侧电源供给短路电流 $\dot{I}_{AB}$ 送至变电所 B 时就分成两路流向短路点 k，其中非故障支路电流为 $\dot{I}_{CB}$，故障支路电流为 $\dot{I}_{Bk}$，它们之间的关系为 $\dot{I}_{Bk} = \dot{I}_{AB} - \dot{I}_{CB}$，流过保护装置 KZA 的电流 $\dot{I}_{AB}$ 比故障支路电流 $\dot{I}_{Bk}$ 大。此时距离保护 KZA 第 II 段的测量阻抗为

$$Z_{kA} = \frac{\dot{I}_{AB} Z_{AB} + \dot{I}_{Bk} Z_{Bk}}{\dot{I}_{AB}} = Z_{AB} + \frac{\dot{I}_{Bk}}{\dot{I}_{AB}} Z_{Bk}$$
$$= Z_{AB} + K_{bra} Z_{Bk} \tag{2-25}$$

与无分支电路的情况相比，保护 KZA 的第 II 段测量阻抗有所减小。这种使测量阻抗减小的电流称为汲出电流。汲出电流使测量阻抗减小，也伸长了保护区的长度，可能造成保护的无选择性动作。为了防止这种非选择性动作，在整定计算时引入一个小于 1 的分支系数，使保护装置 KZA 的第 II 段动作阻抗适当减少，以抵偿由于汲出电流的影响使保护

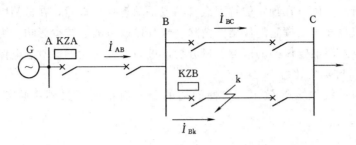

图 2-15　外汲电流对阻抗继电器工作的影响分析图

范围伸长，使保护装置在任何情况下都能保证有选择地动作。汲出系数也与系统的运行方式有关，在整定计算时仍应采用各种运行方式下最小的汲出系数。

综上分析可知，K_{bra} 是一个与电网接线有关的分支系数，其值可能大于 1、等于 1 或小于 1。当 $K_{bra} > 1$ 时，阻抗继电器的测量阻抗增大，即助增电流的影响使阻抗继电器的灵敏度下降；当 $K_{bra} < 1$ 时，阻抗继电器的测量阻抗减小，即汲出电流的影响可能使保护失去选择性。因此，正确处理助增电流和汲出电流是保证阻抗继电器正确工作的重要条件之一。为了在各种运行方式下都能保证相邻保护之间的配合关系，应按 K_{bra} 为最小的运行方式来确定距离保护第 Ⅱ 段的整定值；对于作为相邻线路远后备保护的距离 Ⅲ 段保护，其灵敏系数应按助增电流为最大的情况来校验。

三、电力系统振荡及振荡闭锁

1. 电力系统振荡的基本概念

正常运行时，电力系统中所有发电机处于同步运行状态，发电机电势间的相位差 δ 较小并且保持恒定不变，此时系统中各处的电压、电流有效值都是常数。当电力系统受到大的扰动或小的干扰而失去运行稳定时，机组间的相对角度随时间不断增大，线路中的电流亦产生较大波动。在继电保护范围内，把这种并列运行的电力系统或发电厂失去同步的现象称为振荡。电力系统发生振荡的原因是多方面的，归纳起来主要有以下几点：

（1）电网的建设规划不周，联系薄弱，线路输送功率超过稳定极限。

（2）系统无功功率不足，引起系统电压降低，没有足够的稳定储备。

（3）大型发电机励磁异常。

（4）短路故障切除过慢引起稳定破坏。

（5）继电保护及自动装置的误动、拒动或性能不良。

（6）过负荷。

（7）防止稳定破坏或恢复稳定的措施不健全与运行管理不善等。

电力系统振荡有周期与非周期之分。周期振荡时，各并列运行的发电机不会失去同步，系统仍保持同步，其功角 δ 在 $0° \sim 120°$ 范围内变化；非周期振荡时，各并列运行的发电机失去同步，称为发电机失去稳定，其功角在 $0° \sim 720°$ 及无限增加的范围内变化。电力系统的振荡是电力系统的重大事故，振荡时，系统中各发电机电势间的相角差发生变化，电压电流有效值大幅度变化，对用户造成极大影响，可能使系统瓦解，酿成大面积的停电。但运行经验表明，当系统的电源间失去同步后，往往能自行拉入同步，有时当不允许长时间异步运行时，则可在预定的解列点自动或手动解列。显然，在振荡中不允许继电保护装置误动，应该充分发挥它的作用，消除一部分振荡事故或减少影响。为此，必须对系统振荡时的特点及对继电保护的影响加以分析，进而研究防止振荡对继电保护的影响。

2. 系统振荡时电气量的变化特点

图 2-16 为系统振荡等效图。为使问题的分析简单明了又不影响其结果，作如下假设：

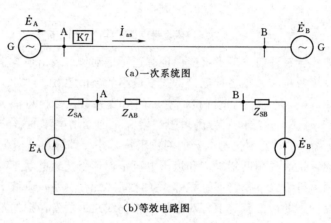

（a）一次系统图

（b）等效电路图

图 2-16 系统振荡等效图

（1）电力系统发生全相振荡时，三相仍处于完全对称情况下，不考虑振荡过程中又发生短路的情况，因此可以只取其中一相进行分析。

（2）假定两侧电源电势 $|\dot{E}_A|=|\dot{E}_B|$，并取由发电机中性点指向母线侧的方向为正方向，两侧电源之间的相角差为 δ，线路和发电机绕组中的电流取由电源 A 至电源 B 为正。

（3）假定发电机、变压器、线路之阻抗角相等，总阻抗为

$$Z_\Sigma = Z_{SA} + Z_{AB} + Z_{SB}$$

（4）假定发生振荡前为空载，即不考虑负荷电流的影响。

当系统在全相运行时发生振荡，由于三相对称，所以可以按照单相系统来分析。图 2-16（a）是两台发电机通过一条输电线路组成的一个简单的双侧电源系统，取 A 侧电源电势 $\dot{E}_A$ 为参考相量，两侧电源电势 $\dot{E}_A$ 和 $\dot{E}_B$ 之间的夹角为 δ，它们之间的相量关系如图 2-17 所示。两侧电源电势之差为

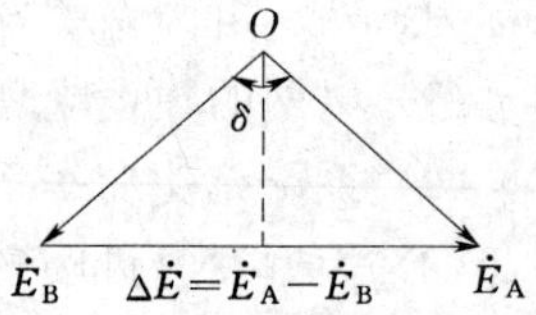

图 2-17 系统振荡时电源向量图

$$\Delta\dot{E} = \dot{E}_A\left(2\sin^2\frac{\delta}{2} + j2\sin\frac{\delta}{2}\cos\frac{\delta}{2}\right) \qquad (2-26)$$

在电源电势差 $\Delta\dot{E}$ 的作用下，线路产生的振荡电流为

$$I_{AB} = \frac{E_A}{Z_\Sigma}\sqrt{4\sin^4\frac{\delta}{2} + 4\sin^2\frac{\delta}{2}\cos^2\frac{\delta}{2}}$$

$$= \frac{2E_A}{Z_\Sigma}\sin\frac{\delta}{2} \qquad (2-27)$$

上式说明振荡电流有效值与电势差 $\Delta\dot{E}$ 变化规律相同，$\dot{I}_{AB}$ 是 δ 的函数，当 δ 恒定不变时，$\dot{I}_{AB}$ 是一个常数，而系统振荡时，由于 δ 随时间变化，$\dot{I}_{AB}$ 也随时间变化，电力系统发生振荡时，电源中性点的电位仍然为零，由图 2-16 可知，线路两侧母线 A 和 B 的电压为

$$\dot{U}_A = \dot{E}_A - \dot{I}_{AB}Z_{SA} = \dot{E}_B - \dot{I}_{AB}(Z_{SB} + Z_{AB}) \qquad (2-28)$$

$$\dot{U}_B = \dot{E}_A - \dot{I}_{AB}Z_{SA} = \dot{E}_A - \dot{I}_{AB}(Z_{SB} + Z_{AB}) \qquad (2-29)$$

因为振荡电流 $\dot{I}_{AB}$ 随 δ 变化而变化，线路两侧的母线电压 $\dot{U}_A$、$\dot{U}_B$ 也随 δ 变化，其变化曲线如图 2-18 所示。假定电源的阻抗角和线路阻抗角相等，可作出 d 在某一值下的电压相量图如图 2-19 所示。

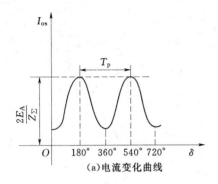
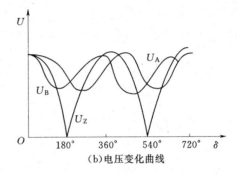

(a)电流变化曲线　　　　(b)电压变化曲线

图 2-18　振荡变化曲线

从原点 O 作直线 $(\dot{U}_A - \dot{U}_B)$ 的垂线 $\dot{U}_Z$，垂足 Z 代表输电线路上某一点，垂线长度 $|\dot{U}_Z|$ 表示 Z 点电压的有效值。由于垂线 $\dot{U}_Z$ 是从原点到直线 $(\dot{U}_A - \dot{U}_B)$ 的最短距离，所以在振荡角 δ 下输电线上 Z 点电压最低，此电压对应的点称为电力系统的振荡中心。

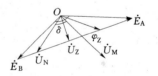

图 2-19　系统振荡时
电压向量图

综上所述，电力系统发生全相振荡时，各电气量的变化具有如下特点：

（1）系统振荡时，三相完全对称，电力系统中不会出现电压和电流的负序或零序分量；而在短路故障中，一般会出现电压和电流的负序或零序分量。

（2）振荡时，电流和各点电压的有效值均出现周期性平滑变化；而在短路故障时，电流突然增大，电压突然降低，其变化速度很快。

（3）振荡时，系统各点电压和电流的相位差随振荡角 δ 不同而变化；而在短路故障时电压和电流的相位差固定不变，等于线路阻抗角。

（4）在振荡中心及其附近电压变化最为剧烈，当该点电压为零时，相当于这一点发生三相短路故障，但与实际三相短路故障仍有一定区别。

从以上的分析可知系统振荡时电压电流按一定规律变化，测量阻抗也发生变化，但其变化轨迹受两端电源影响。其变化轨迹有三种，一种是一条直线，另外两种都是圆，但是不论是哪一种都随着功角在 $0°\sim360°$ 内周而复始变化，所以可以得出系统振荡时对距离保

护的影响如下：

（1）全阻抗继电器受振荡的影响最大。

（2）保护安装点越靠近振荡中心受到的影响就越大。

（3）对距离Ⅰ、Ⅱ段保护影响大，对Ⅲ段基本没有影响。

思考题：

（1）过渡电阻对距离保护的影响在长线上大，还是在短线上大？为什么？

（2）电力系统振荡对距离保护有什么影响？

项目三 220kV 及以上线路保护的配置与调试

引言:

图 3-1 所示 220kV 系统,在 AB 线路的首端 k1 点和末端 k2 点发生短路时,前面所介绍的保护装置能瞬时切除故障吗?

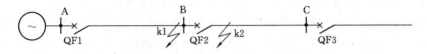

图 3-1 220kV 系统接线图

任务一 纵联电流差动保护的调试

任务提出:

(1) 模拟量输入特性检验。

(2) 定值检验。

(3) 纵差保护检验。

1) 纵差高定值保护(变化量相差动继电器检验、稳态 I 段相差动继电器)检验。

2) 纵差低定值(稳态 II 段相差动继电器)检验。

任务实施:

(1) 学生以组为单位自主学习,熟悉纵联电流差动微机保护装置各组成部分及其作用。

(2) 根据图纸,分析纵联电流差动微机保护装置的接线,能用测试仪进行连接。

(3) 能对纵联电流差动微机保护装置进行初步检查,能区分主保护和后备保护,能通过软、硬压板投/退保护。

(4) 定值检查与修改及模数变换系统检验。

(5) 能作纵联电流差动微机保护装置的测试与检验。

知识链接:

一、概述

1. 反应输电线路一侧电气量变化的保护的缺陷

电流、电压、零序电流和距离保护都是反应输电线路一侧电气量变化的保护,这种反应一侧电气量变化的保护从原理上讲都区分不开本线路末端和相邻线路始端的短路。例如对于安装在图 3-1 A 侧的这类保护它区分不开本线路末端 k1 点和相邻线路始端 k2 点的短路。因为 k1 和 k2 点在同一母线的两端，其电气距离很近，相隔几米或十几米，这两点之间的阻抗相对本输电线路阻抗来说微乎其微。因此在这两点短路时流过保护的电流以及保护安装处的电压相差无几，利用这一侧电流和电压构成的保护必然区分不开这两点短路，所以只能舍去 k1 点短路时快速动作的愿望。正因为这些原因凡是反应一侧电气量变化的保护都做成多段式的保护，其中瞬时动作的第 I 段保护其定值都要按躲本线路末端短路（其实质是躲相邻线路始端短路）来整定。这类保护有时称为具有相对选择性的保护。它的缺陷是不能瞬时切除本线路全长范围内的短路，优点是它的带延时的第 III 段（或第 IV 段）可以作为相邻元件保护的后备。

既然反应 A 侧电气量变化的保护无法区别 k1 和 k2 点的短路，可是反应 B 侧电气量变化的保护都很容易区分这两点短路。例如用一个方向继电器，k1 点位于正方向，k2 点位于反方向。所以如果有一种保护可以综合反应两侧电气量变化，这样的保护一定可以区分 k1 和 k2 点的短路，也就可以瞬时切除本线路全长范围内的短路。这种综合反应两侧电气量变化的保护称为纵联保护。

所谓输电线的纵联保护，就是用某种通信通道（简称通道）将输电线两端的保护装置纵向联结起来，将各端的电气量（电流、功率的方向等）传送到对端，将两端的电气量比较，以判断故障在本线路范围内还是范围外，从而决定是否切断被保护线路。纵联保护的优点是只要是在保护范围内的各点故障，都能快速切除。但它的缺点是不能保护在相邻线路上的短路，不能作相邻线路上的短路的后备。所以这种保护有时称做具有绝对选择性的保护。纵联保护都可以做主保护。

2. 纵联保护基本工作原理

输电线的纵联保护随所用通道的不同有多种形式，但是它们的基本工作原理相同，下面以一种用辅助导线或称导引线作为通道的纵联保护为例来说明其工作原理。纵差动保护的单相原理接线如图 3-2 所示。

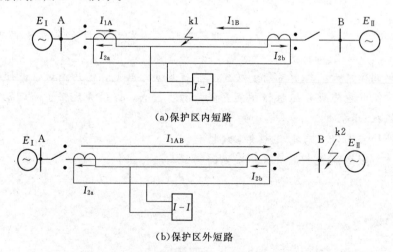

(a)保护区内短路

(b)保护区外短路

图 3-2　纵差动保护的单相原理接线图

图 3-2 中，在线的 A 和 B 两端装设特性和变比完全相同的电流互感器，两侧电流互感器的一、二次回路的正极性均置于靠近母线的一侧（标"·"号者为正极性），用辅

助导线连接两侧电流互感器的二次回路，正极性与正极性相联，负极性与负极性相联，差动继电器通过差动回路并联连接在电流互感器的二次端子上。

下面来分析在内部 k1 点故障和外部 k2 点故障（包括正常运行情况）差动保护的动作行为。

当保护范围内部 k1 点故障时，因为是双端电源供电，则两侧均有故障电流流向短路点，如图 3-2（a）所示，此时 $\dot{I}_{1A}$ 和 $\dot{I}_{1B}$ 都是从母线流向线路，即从正极性端流入，与规定的电流正方向相同，短路点的总电流为 $\dot{I}_d = \dot{I}_{1A} + \dot{I}_{1B}$，这时两侧的二次电流从正极性端流出，流入继电器回路，即差动回路的电流为 $I_j = I_{2a} + I_{2b} > I_{act.j}$ 时，差动继电器动作，差动保护动作跳开两侧开关。由于是区内故障，差动保护动作正确。由此可见，差动继电器实际上是一个电流继电器，是反映增量动作的继电器，只要在保护范围内部故障，无论是首端、中点、末端故障，纵差保护都是反应于故障点的总电流而快速动作，因此它一定是主保护。

当保护范围外部 k2 点故障时，流向故障点 k2 的电流 $\dot{I}_{1AB}$ 是由电源 E_I 提供的，如图 3-2（b）所示，该电流流过差动保护的两侧，从 A 侧看，一次电流和二次电流的方向和区内 k1 故障的情况一样，但在 B 侧，$\dot{I}_{1AB}$ 由线路流向母线，即由负极性端流入，与规定的电流正方向相反，因此二次电流 I_{2b} 也要反一个极性，从负极性端流出，流入继电器回路，即差动回路的电流为 $I_j = I_{2a} - I_{2b} = 0 < I_{act.j}$ 时，差动继电器不动作，而此时由于是区外故障，差动继电器不动作正确。正常运行情况和区外故障的情况相同。当然，区外故障和正常运行时差动回路的电流等于零是指在理想状态下，而实际情况下由于各种误差的影响，差动回路的电流不可能等于零，这个电流叫做不平衡电流。从上面的分析可以得出，差动保护能否动作，关键看差动回路有没有工作电流（或叫差动电流，即电流是相加还是相减），显然不是指不平衡电流。

3. 纵联保护通道类型

纵联保护既然是反应两侧电气量变化的保护，那就一定要把对侧电气量变化的信息告诉本侧，同样也应把本侧电气量变化的信息告诉对侧，以便每侧都能综合比较两侧电气量变化的信息作出是否要发跳闸命令的决定。这必然涉及到通信问题，而通信需要通道。目前使用的通道类型有下列几种：

（1）电力线载波通道。这是目前使用较多的一种通道类型，使用的信号频率是 50～400kHz。这种频率在通信上属于高频频段范围，所以把这种通道也称为高频通道。把利用这种通道的纵联保护称为高频保护。高频频率信号只能有线传输，所以输电线路也作为高频通道的一部分。

（2）微波通道。微波通道使用的信号频率是 3000～30000MHz。这种频率在通信上属于微波频段范围，所以把这种纵联保护称为微波保护。微波频率信号可以无线传输也可以有线传输。无线传输要在可视距离内传输，所以要建高的微波铁塔。当传输距离超过 40～60km 时还需加设微波中继站。有时微波站在变电站外，增加了维护困难。虽然微波通道容量很大，不存在通道拥挤问题，但由于上述原因目前利用微波通道传送继电保护信息并没有得到广泛应用。

（3）光纤通道。随着光纤通信技术的快速发展，光纤作为继电保护通道应用越来越多。用光纤通道构成的纵联保护有时也称为光纤保护。光纤通信容量大又不受电磁干扰，且通道与输电线路有无故障无关。近年来发展的若干根光纤制成光缆直接与架空地线做在一起，在架空线路建设的同时铺设光缆，使用前景广阔。在国家电力公司制定的《"防止电力生产重大事故的二十五项重点要求"继电保护实施细则》中明确提出应积极推广使用光纤通道作为纵联保护的通道方式。由于光纤通信容量大因此可以利用它构成输电线路的分相纵联保护，例如分相纵联电流差动保护、分相纵联距离保护、分相纵联方向保护等。光纤通信一般采用脉冲编码调制（PCM）方式可以进一步提高通信容量，信号以编码形式传送，其传输速率一般为 64kbit/s，传输距离可以达到 100km。如果用 2Mbit/s 的传输速率，由于衰耗较大传输距离只能在 70km 以下。

（4）导引线通道。在两个变电站之间铺设电缆，用电缆作为通道传送保护信息即是导引线通道。用导引线为通道构成的纵联保护称为导引线保护。导引线保护一般作为纵联电流差动保护，在电缆中传送的是两侧的电流信息。考虑到雷击以及在大接地电流系统中发生接地故障时地中电流引起的地电位升高的影响，作为导引线的电缆也应有足够的绝缘水平，从而增大了投资。显然从技术经济角度来看用导引线通道只适用于小于 10km 的短线路上。

二、光纤电流纵差保护

输电线路保护采用光纤通道后由于通信容量很大所以往往作为分相式电流纵差保护。输电线路分相电流纵差保护本身有选相功能，哪一相纵差保护动作哪一相就是故障相。输电线路两侧的电流信号通过编码成码流形式然后转换成光信号经光纤输出。传送的信号可以是包含幅值和相位信息的该侧电流的瞬时值，保护装置收到输入的光信号后先转换成电信号再与本侧的电流信号构成纵差保护。

1. 纵联电流差动保护原理

纵联电流差动保护原理图如图 3-3 所示。在图 3-3（a）中，设流过两侧保护的电流 $\dot{I}_M$、$\dot{I}_N$ 以母线流向被保护线路的方向规定为正方向，以两侧电流的相量和作为继电器的动作电流 I_{act}，$I_{act} = |\dot{I}_M + \dot{I}_N|$。该电流也称为差动电流。另以两侧电流的相量差作为继电器的制动电流 I_r，$I_r = |\dot{I}_M - \dot{I}_N|$。纵联电流差动继电器的动作特性如图 3-3（b）所示，阴影区为动作区，非阴影区为制动区，这种动作特性称为比率制动特性，是差动继电器（线路、变压器、发电机、母线差动保护中所用的差动继电器）常用的动作特性。图中 $I_{act. min}$ 为启动电流，K_r 是制动系数。图 3-3（b）的动作特性以数学形式表述为

$$\left.\begin{array}{r} I_{act} > I_{act. min} \\ I_{act} > K_r I_r \end{array}\right\} \tag{3-1}$$

当差动继电器的动作电流 I_{act} 和制动电流 I_r 满足式（3-1）中的两个动作方程时，它们对应的工作点位于阴影区，继电器动作。

当线路内部短路时，如图 3-3（c）所示，两侧电流的方向与规定的正方向相同。此时 $I_{act} = |\dot{I}_M + \dot{I}_N| = I_K$，动作电流等于短路点的电流 I_K，动作电流很大。而制动电流 I_r 较小，$I_r = |\dot{I}_M - \dot{I}_N| = |\dot{I}_M + \dot{I}_N - 2\dot{I}_N| = |\dot{I}_K - 2\dot{I}_N|$，小于短路点的电流 I_K。如果两侧

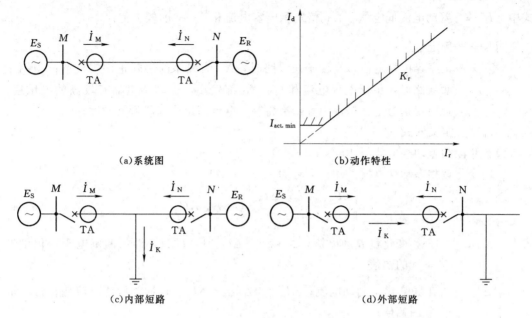

图 3-3 纵联电流差动保护原理

电流幅值相等，制动电流则为零。因此工作点落在动作特性的动作区，差动继电器动作。当正常运行或线路外部短路时，如图 3-3 (d) 所示，线路上是穿越性电流，N 侧流的电流与规定的正方向相反。如果忽略线路上的电容电流，则 $\dot{I}_M = \dot{I}_K$、$\dot{I}_N = -\dot{I}_K$。因而动作电流 $I_{act} = |\dot{I}_M + \dot{I}_N| = |\dot{I}_K - \dot{I}_K| = 0$，制动电流 $I_r = |\dot{I}_M - \dot{I}_N| = |\dot{I}_K + \dot{I}_K| = 2I_M$，制动电流是两倍的短路电流，制动电流很大。因此工作点落在动作特性的制动区，差动继电器不动作，因此差动继电器可以区分内部短路和外部短路（含正常运行）。继电器的保护范围是两侧 TA 之间的范围。

从上述原理的叙述可以进一步推广得知，只要在线路内部有流出的电流，例如内部短路的短路电流、线路内部的电容电流，都会形成动作电流。只要是穿越性的电流，例如外部短路时流过线路的短路电流、负荷电流，都只形成制动电流而不会产生动作电流。

2. 差动继电器的种类

(1) 稳态 Ⅰ 段相差动继电器。动作方程为

$$\begin{cases} I_{CD\Phi} > 0.75 I_{R\Phi} \\ I_{CD\Phi} > I_H \end{cases}, \Phi = A, B, C \qquad (3-2)$$

式中　$I_{CD\Phi}$——差动电流，$I_{CD\Phi} = |\dot{I}_{M\Phi} + \dot{I}_{N\Phi}|$，即为两侧电流矢量和的幅值；

$I_{R\Phi}$——制动电流，$I_{R\Phi} = |\dot{I}_{M\Phi} - \dot{I}_{N\Phi}|$，即为两侧电流矢量差的幅值；

I_H——差动电流高定值（整定值）、4 倍实测电容电流和 $4U_N/X_{C1}$ 的较大值，实测电容电流由正常运行时未经补偿的差流获得。

(2) 稳态 Ⅱ 段相差动继电器。动作方程为

$$\begin{cases} I_{CD\Phi} > 0.75 I_{R\Phi} \\ I_{CD\Phi} > I_M \end{cases}, \Phi = A, B, C \qquad (3-3)$$

式中　I_M——差动电流低定值、1.5 倍实测电容电流和 $\dfrac{1.5 U_N}{X_{C1}}$ 的较大值；

　　　　U_N——额定电压；

　　　　X_{C1}——正序容抗整定值，当用于长线路时，X_{C1} 为线路的实际正序容抗值；当用于短线路时，由于电容电流和 U_N/X_{C1} 都较小，差动继电器有较高的灵敏度，此时可通过适当减小 X_{C1} 或抬高差动电流高定值来降低灵敏度；

$I_{CD\Phi}$、$I_{R\Phi}$——定义同式（3-2）。

稳态 Ⅱ 段相差动继电器经 40ms 延时动作。

（3）变化量相差动继电器。动作方程为

$$
\begin{cases}
\Delta I_{CD\Phi} > 0.75 \Delta I_{R\Phi} \\
\Delta I_{CD\Phi} > I_H
\end{cases}, \Phi = A, B, C \tag{3-4}
$$

式中　$\Delta I_{CD\Phi}$——工频变化量差动电流，$\Delta I_{CD\Phi} = |\Delta \dot{I}_{M\Phi} + \Delta \dot{I}_{N\Phi}|$，即为两侧电流变化量矢量和的幅值；

　　　　$\Delta I_{R\Phi}$——工频变化量制动电流；$\Delta I_{R\Phi} = |\Delta \dot{I}_{M\Phi} - \Delta \dot{I}_{N\Phi}|$，即为两侧电流变化量矢量差的幅值；

　　　　I_H——定义同式（3-2）；

　　　　U_N——定义同式（3-3）。

（4）零序 Ⅰ 段差动继电器。对于经高过渡电阻接地故障，采用零序差动继电器具有较高的灵敏度，由零序差动继电器，通过低比率制动系数的稳态相差动元件选相，构成零序 Ⅰ 段差动继电器，经 100ms 延时动作。其动作方程为

$$
\begin{cases}
I_{CD0} > 0.75 I_{R0} \\
I_{CD0} > I_{QD0}
\end{cases} \tag{3-5}
$$

由于零序差动动作后保护并不知道是哪一相故障，所以还要有一个选相元件，由于稳态量差动本身有选相功能，稳态量差动动作的一相即为故障相，所以采用一低定值的稳态量差动元件作为零序差动的选相元件

$$
\begin{cases}
I_{CD\Phi} > 0.15 I_{R\Phi} \\
I_{CD\Phi} > I_M
\end{cases} \tag{3-6}
$$

式中　I_{CD0}——零序差动电流，$I_{CD0} = |\dot{I}_{M0} + \dot{I}_{N0}|$，即为两侧零序电流相量和的幅值；

　　　　I_{R0}——零序制动电流，$I_{R0} = |\dot{I}_{M0} - \dot{I}_{N0}|$，即为两侧零序电流矢量差的幅值；

　　　　I_{QD0}——零序启动电流定值；

　　　　I_M——I_{QD0}、0.6 倍实测电容电流和 $\dfrac{0.6 U_N}{X_{C1}}$ 的较大值；

　　　　$I_{CD\Phi}$——经电容电流补偿后的相差动电流，电容电流补偿方法将在下文讲述；

　　　　$I_{R\Phi}$——相制动电流；

U_N、X_{C1}——定义同式（3-3）。

对于较长的输电线路，电容电流较大，为提高经大过渡电阻故障时的灵敏度，需对每相差动电流进行电容电流补偿。电容电流补偿量为

$$I_{C\Phi} = \left(\frac{U_{M\Phi} - U_{M0}}{2X_{C1}} + \frac{U_{M0}}{2X_{C0}} \right) + \left(\frac{U_{N\Phi} - U_{N0}}{2X_{C1}} + \frac{U_{N0}}{2X_{C0}} \right) \tag{3-7}$$

式中　$U_{M\Phi}$、$U_{N\Phi}$、U_{M0}、U_{N0}——本侧、对侧的相、零序电压；

　　　　X_{C1}、X_{C0}——线路全长的正序和零序容抗。

按上式计算的相电容电流对于正常运行和区外故障都能给予较好的补偿。补偿时，从相差动电流中减去相电容电流 $I_{C\Phi}$ 即可得到 $I_{CDBC\Phi}$。

3. 光纤电流差动保护影响因素

(1) 电容电流。输电线路，尤其是长输电线路上电容电流的影响不能忽略。表 3-1 列出了各种电压等级下每百公里线路的正序及零序容抗值和额定电压下的工频电容电流值。考虑输电线路上的电容电流后，在正常运行和外部短路时 $\dot{I}_M \neq -\dot{I}_N$，因而动作电流 I_{act} 不再为零，该电流为电容电流。如果纵联电流差动保护不考虑电容电流的影响在某些情况下会造成保护误动。

表 3-1　　　　　各种电压等级下每百公里线路的正序及零序容
抗值和额定电压下的工频电容电流值

线路电压/kV	正序容抗/Ω	电容电流/A
220	3700	34
330	2860	66
500	2590	111
750	2240	193

注　零序容抗约为正序容抗的 1.5 倍。

图 3-4 是线路空载状态运行电路图，在输电线路的 T 型等值电路中，线路的分布电容作为一个集中电容放在线路的中点。输电线路两侧的电流都以从母线流向被保护线路作为正方向。此时差动电流为 $I_{act} = |I_M + I_N| = I_C$，制动电流为 $I_r = |I_M - I_N|$。此时差动电流即为电容电流，如果输电线

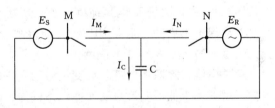

图 3-4　线路空载状态运行电路图

路较长，电压等级较高，则电容电流较大，而制动电流较小，容易引起差动保护误动。

针对电容电流的影响采取的措施有：

1) 提高差动电流启动值。如稳态量 I 段和工频变化量差动启动值为 I_H，稳态 II 段为 I_M，都大于电容电流，则可以躲过电容电流，保护不会误动。

2) 电容电流的补偿。如零序差动的选相元件采用电容电流的补偿方式，即保护在正常运行时根据式 (3-7) 估算出电容电流的大小，再从实测的差动电流中减去电容电流后，得到的电流即为补偿后的差动电流。

(2) TA 断线。线路 N 侧 TA 断线如图 3-5 所示。

图 3-5 中，N 侧发生 TA 断线，则差动电流和制动电流分别为

$$I_{act} = |I_M + I_N| = I_M$$

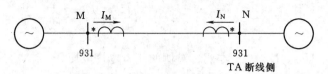

图 3-5 线路 N 侧 TA 断线

$$I_r = |I_M - I_N| = I_M$$

此时满足差动方程

$$\begin{cases} I_{act} > 0.75 I_r \\ I_{act} > I_H \end{cases}$$

如果不采取措施，差动保护会误动。

防止 TA 断线保护误动的措施为：

为了防止 TA 断线差动保护误动，差动保护发跳闸命令必须满足条件：①本侧启动元件启动（$\Delta I_{\phi\phi max} > 1.25 \Delta I_T + \Delta I_{ZD}$ 或 $I_0 > I_{0ZD}$）；②本侧差动继电器动作；③收到对侧"差动动作"的允许信号。

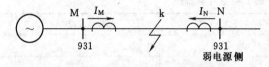

保护向对侧发允许信号条件：①保护启动动作；②差流元件动作。

这样当一侧 TA 断线，由于电流有突变或者有零序电流，启动元件可能启动，差动继电器也可能动作。但对侧没有断线，

图 3-6 一侧为弱电源的线路内部故障

启动元件没有启动，不能向本侧发"差动动作"的允许信号。所以本侧不误动。

（3）线路一侧为弱电源。线路图如图 3-6 所示。

图 3-6 中，假设 N 侧是纯负荷侧，且变压器中性点不接地，则故障前后 I_N 都是 0，N 侧差动保护不启动，则 N 侧保护不能跳闸。同时由于 N 侧保护不启动，不能向 M 侧发允许信号，M 侧保护也不能跳闸。

解决措施为除两相电流差突变量启动元件、零序电流启动元件和不对应启动元件外，保护再增加一个低压差流启动元件，条件为：①差流元件动作；②差流元件的动作相或动作相间电压 U_ϕ、$U_{\phi\phi} < 0.6 U_N$；③收到对侧的允许信号。这样弱电源侧保护依靠此启动元件启动，两侧保护都可以跳闸。

（4）远跳和远传。差动保护的远跳原理如图 3-7 所示。

1）差动保护的远跳。图 3-7 中故障发生在 TA 和断路器之间，这时对线路光纤差动保护装置 931 来说是区外故障，差动保护不动作，母差保护装置 915 动作跳本侧开关，同时母差保护 915 发远跳信号给 M 侧 931，M 侧 931 将此信号通过光纤传送到 N 侧 931，N 侧 931 接收到该信号后根据"远跳受启动控制"控制字的整定再经（或不经）启动元件动作发三相跳闸跳 N 侧开关。

2）差动保护的远传。差动保护的远传原理如图 3-8 所示。图 3-8 中 M 侧过电压保护装置 925 判断出本侧过电压，保护动作跳本侧开关，同时发远传信号给本侧 931，本侧 931 通过光纤把信号传到对侧 931，对侧 931 收到信号后再通过硬接点把此信号传到对侧 925，对侧 925 再结合就地判据，跳 N 侧开关。

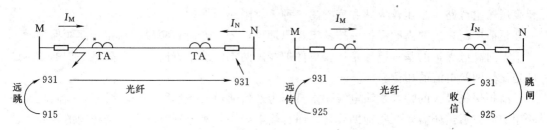

图 3-7 差动保护的远跳　　　　　图 3-8 差动保护的远传

思考题：

收到三相跳闸位置继电器（TWJ）动作信号后该做些什么工作？

因为断路器三相都断开的一侧突变量电流启动元

件和零序电流启动元件均未启动，低压差流启动元件

由于母线电压未降低（用母线 TV）也不启动。由于

启动元件均未启动，所以该侧不能向对侧发允许信

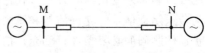

图 3-9 空充于故障线路

号，造成另一侧纵联差动保护拒动的问题。装置后端子有跳闸位置继电器（TWJ）的开入量

端子。当保护装置检测到三相的 TWJ 都已动作的信号并且差流元件也动作后立即发"差动

动作"允许信号。加了本措施后断路器三相都断开的一侧由于三相的 TWJ 都已动作并且差

流元件也动作，所以可以一直向对侧提供允许信号，对侧的纵联差动保护可以跳闸。

任务二　纵联距离保护的调试

任务提出：

（1）模拟量输入特性检验。

（2）定值检验。

（3）纵联保护检验。

1）纵联变化量方向。

2）纵联距离保护。

任务实施（以纵联距离保护装置为例）：

（1）学生以组为单位自主学习，熟悉纵联距离保护装置各组成部分及其作用。

（2）根据图纸，分析纵联距离保护装置的接线，能用测试仪进行连接。

（3）能对纵联距离保护装置进行初步检查，能区分主保护和后备保护，能通过软、硬

压板投/退保护。

（4）定值检查与修改及模数变换系统检验。

（5）能做纵联距离保护装置测试与检验。

知识链接：

一、输电线的高频保护

高频保护是以输电线载波通道作为通信通道的纵联保护。高频保护广泛应用于高压和

超高压输电线路，是比较成熟和完善的一种无时限快速保护。

目前广泛采用的高频保护，按其工作原理可以分为方向高频保护和相差高频保护两大类。方向高频保护的基本原理是比较被保护线路两端的功率方向；相差高频保护的基本原理是比较两端电流的相位。

高频保护最大的特点是输电线路本身作为通信通道。当然除了输电线路外，高频保护所用的载波通道还需要一些辅助设备，而且输电线路两侧分别有两个完全相同的半套，才能构成一套完整的高频通道。这些辅助设备包括阻波器、结合电容器、连接滤过器、高频电缆、高频收/发信机等。

高频通道的工作方式可以分为经常无高频电流和经常有高频电流两种方式，或者说故障时发信和长期发信两种方式。在这两种工作方式中，以其传送的信号性质为准，又可以分为传送闭锁信号、允许信号和跳闸信号三种类型：①闭锁信号指收不到这种信号是高频保护动作跳闸的必要条件；②允许信号指收到这种信号是高频保护动作跳闸的必要条件；③跳闸信号指收到这种信号是保护动作于跳闸的充分而必要条件。

应该指出，必须注意将高频信号和高频电流区别开。所谓高频信号是指线路一端的高频保护在故障时向线路另一端的高频保护所发出的信息或命令。因此，在经常无高频电流的通道中，故障时发出的高频电流固然代表一种信号，但在经常有高频电流的通道中，故障时将高频电流停止或改变其频率也代表一种信号，这一情况就表明了信号和电流的区别。

二、高频闭锁方向保护的基本原理

目前广泛应用的高频闭锁方向保护，是以高频通道经常无高频电流而在外部故障时发出闭锁信号的方式构成。此闭锁信号由短路功率方向为负的一端发出，这个信号被两端的收信机接收，保护闭锁，因此称为高频闭锁方向保护。我们可以用图3-10所示的系统故障情况来说明保护装置的工作原理。

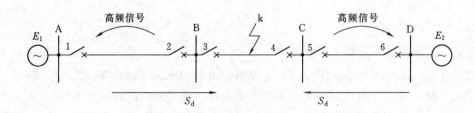

图3-10　高频闭锁方向保护的作用原理

设故障发生于线路 BC 范围以内，则短路功率 S_d 的方向如图3-10所示。此时安装在线路 BC 两端的方向高频保护 3 和 4 的功率方向为正，保护应动作于跳闸。故保护 3 和 4 都不发出高频闭锁信号，因此两端都收不到高频闭锁信号，在保护启动后，即可瞬时动作，跳开两端的断路器。但对非故障线路 AB 和 CD，其靠近故障点一端的功率方向为由线路流向母线，即功率方向为负，则该端的保护 2 和 5 发出高频闭锁信号。此信号一方面被自己的收信机接收，同时经过高频通道把信号送到对端的保护 1 和 6，使保护装置 1、2

和 5、6 都被高频信号闭锁，保护不会将线路 AB 和 CD 错误地切除。

三、闭锁式纵联方向保护

（一）基本原理及跳闸逻辑框图

闭锁式纵联方向保护原理图及简略原理框图如图 3-11 所示。如果在输电线路每一侧都装有两个方向元件，一个是正方向方向元件 F_+，正方向短路时动作而反方向短路时不动作；另一个是反方向方向元件 F_-，反方向短路时动作而正方向短路时不动作。如果在图 3-11（a）的 NP 线路上发生短路，NP 线路是故障线路，MN 线路是非故障线路。两条线路总共四侧的方向元件的动作行为也已标在图上，√表示继电器动作；×表示继电器不动作。仔细比较两侧方向元件的动作行为可以区分故障线路与非故障线路。故障线路的特征是两侧的 F_+ 均动作，两侧的 F_- 均不动作，这在非故障线路中是不存在的。非故障线路的特征是两侧中至少有一侧的 F_+ 不动作、F_- 可能动作可能不动作，这在故障线路中是不存在的。出现 F_+ 不动作、F_- 可能动作可能不动作的这一侧是近故障点的一侧。

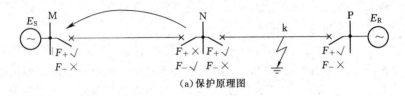

（a）保护原理图

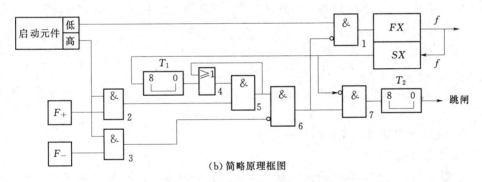

（b）简略原理框图

图 3-11 闭锁式纵联方向保护原理图及简略原理框图

假如采用闭锁信号，纵联方向保护的做法是：在 F_+ 不动作或者 F_- 动作的这一侧一直发高频信号，这样在非故障线路上近故障点的一侧就能一直发闭锁信号，两侧保护收到闭锁信号将保护闭锁。在故障线路上由于没有一侧是 F_+ 不动作、F_- 动作的，所以最后故障线路上没有闭锁信号，两侧保护就都能发跳闸命令。

可以看出，对纵联方向保护方向元件有下述要求：

（1）要有明确的方向性。也就是 F_+ 元件在反方向短路不能误动、F_- 元件在正方向短路不能误动。从基本原理分析中可以看出，纵联方向保护是综合比较两端方向元件动作行为的保护。所以如果方向元件没有明确的方向性，保护就不会正确动作。

（2）F_+ 元件要确保在本线路全长范围内的短路都能可靠动作，只有这样才能满足故障线路的特征，本线路短路才能跳闸。

（3）在保护实现时，F_- 元件比 F_+ 元件动作得更快、更加灵敏。更加灵敏这一点是靠不同的电流门槛值完成的。

纵联方向保护是一种综合比较两端方向元件动作行为的保护，主要是利用方向元件具有方向性的特点构成保护。只要能满足上述要求的方向元件都可以构成纵联方向保护。因此，利用具有方向性的阻抗继电器来代替纵联方向保护中的方向元件，就构成纵联距离保护；利用零序方向继电器作为方向元件，就构成纵联零序保护。还可以用工频变化量方向继电器、基于故障分量的能量积分方向继电器、负序方向继电器等作为方向元件。

既然纵联距离保护与纵联方向保护原理上相似，纵联距离保护的简略原理框图也与图 3-11（b）的纵联方向保护的简略原理框图相似。只要把其中的正方向元件 F_+ 换成阻抗继电器 Z，把 F_- 元件和与门 3、6 取消，与门 5 的输出直接加到与门 7，并去闭锁与门 1 停信。

（二）动作原理分析

（1）保护发闭锁信号条件：低定值启动元件动作。

（2）保护停信条件：①收信超过 8ms；②正方向元件动作，反方向元件不动作。

（3）保护发出跳闸命令要满足的条件：

1）高定值启动元件动作。只有高定值启动元件动作后程序才进入故障计算程序，方向元件及各个逻辑功能才开始计算判断，保护才可能跳闸。因此只有高定值启动元件动作后纵联保护才真正开放，否则保护不开放，程序执行正常运行程序。在正常运行程序中安排的工作只是开入量状态的检查、通道试验等。在正常运行程序中不可能跳闸。

2）F_- 元件不动作。

3）曾经收到过 8ms 的高频信号。

4）F_+ 元件动作。同时满足上述四个条件时去停信。

5）收信机收不到信号。同时满足上述五个条件 8ms 后即可起动出口继电器，发跳闸命令。

（三）闭锁式纵联方向保护的一些问题

1. 远方起信问题

设在图 3-11 中 F 点发生短路。流过 MN 线路的电流足以使 M 侧的两个启动元件启动。可是由于某种原因 N 侧的低定值启动元件未启动（譬如启动元件定值输错等原因）。M 侧方向元件动作行为是 F_- 元件不动，F_+ 元件动作，所以 8ms 后停信。N 侧由于低定值启动元件未启动而根本未发过信。于是 M 侧收信机收不到信号而造成保护误动。为避免这种误动设置了远方起信功能。远方起信的条件是：①低定值启动元件未启动；②收信机收到对侧的高频信号。满足这两个条件后发信 10s。这种启动发信是收到对侧信号后启动发信，所以称为远方起信。

有了远方起信功能后，再发生上述区外短路故障时，M 侧启动元件启动立即发信。N 侧由于启动元件未启动，又收到了 M 侧发来的信号所以远方起信，也发信 10s。这样 M 侧保护就被 N 侧的 10s 信号闭锁不会误动。至于区外短路 10s 后若还未被切除，系统早已被拖垮。何况此时按时间配合关系也应该轮到 M 侧跳闸，所以 10s 以后的问题可不再考虑。

远方起信除有上述作用外在通道检查中还要用到此功能，有关通道检查的工作情况在后面再加以叙述。

2. 先收到 8ms 高频信号后才能停信的原因

在上述保护动作情况分析中已叙述过，对于判断为正方向短路的一侧，例如图 3－11 中的 MN 线路的 M 侧保护一定要先收信 8ms 以后才允许停信。这里用反证法说明如下，在图 3－11 中发生短路后，M 侧高定值启动元件启动。M 侧判断 F_- 元件不动，F_+ 元件动作以后就立即停信，此时对侧 N 侧发的闭锁信号还可能未到达 M 侧，尤其是在 N 侧是远方起信的情况下。所以 M 侧保护匆忙停信后由于收信机收不到信号将造成保护误动。因此 M 侧保护只有确保近故障点的 N 侧保护的闭锁信号到达 M 侧以后才允许停信，这样 M 侧保护才不会误动。显然这等待的延时应考虑 N 侧闭锁信号来得最慢、最严重的情况，这种情况出现在 N 侧是远方起信的情况。发生短路后 N 侧低定值启动元件因故没有启动，所以一开始不发信。要等 M 侧高频信号送过来后 N 侧由远方起信才启动发信，N 侧的信号再送到 M 侧后，M 侧再去停信就不会误动了。所以 M 侧停信等待的延时为高频信号往返一次的延时加上对侧发信机启动发信的延时以及足够的裕度时间。这时间一般为 6～8ms。至于按收信机收到信号的方式来等待延时，这种做法把收发信机的工作情况也作了一次检查。

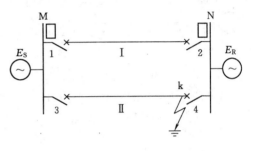

图 3－12　功率倒向示意图

3. 功率倒向时出现的问题及对策

功率倒向示意图如图 3－12 所示。下面以平行线路上发生短路后可能出现的功率倒向为例来说明。在图 3－12 的双回线中第 II 回线路 4 号保护出口发生短路，分析第 I 回线两侧 1、2 号保护的动作行为。在发生短路时第 I 回线的短路功率从 M 流向 N。1 号保护判断为正方向短路，F_+ 动作、F_- 不动；2 号保护判断为反方向短路，F_+ 不动、F_- 动作。综合比较两侧继电器动作行为满足非故障线路特征，所以两侧都不误动。由于短路点 k 位于 4 号保护第 I 段、3 号保护第 II 段的范围内，如果第 II 回线由于某种原因没有纵联保护在运行，所以 4 号保护先跳闸。4 号断路器跳开后，3 号断路器尚未跳开期间，第 I 回线中的短路功率是从 N 流向 M，与 4 号断路器跳开前功率流向相反，产生功率倒向。功率倒向以后 1 号保护判断为反方向短路，2 号保护判断为正方向短路，两侧的 F_+、F_- 元件的动作行为全要翻转。在两侧的 F_+、F_- 元件的动作行为翻转以后依然满足非故障线路特征，所以两侧保护也都不会误动。问题发生在功率倒向瞬间两侧方向元件翻转过程中由于翻转速度有快慢，可能造成纵联方向保护误动。过去在模拟型保护中把这称作"接点竞赛"，在微机保护中虽然没有接点但也存在此竞赛问题。严重情况出现在 2 号保护的方向元件翻转速度快，F_+ 元件已动作、F_- 元件已返还，而 1 号保护方向元件翻转速度慢一些，F_+ 元件仍停留在动作状态、F_- 元件仍停留在不动作状态。这样两侧保护方向元件的动作行为满足故障线路的特征，两侧都停信引起保护误动。这种纵联保护的误动出现在功率倒向、两侧方向元件动作速度不一致、出现竞赛的短时间内。

用延时来解决功率倒向时保护误动问题的方法是：如果纵联方向保护在 40ms 内一直收到闭锁信号，那么纵联方向保护要再动作须加 25ms 延时。前一个 40ms 的延时用来判断发生了区外故障。在图 3-12 中从发生短路到功率倒向之前 1、2 号保护是不会误动的，收信机一直收到 2 号保护发出的高频信号。从发生短路到功率倒向这段时间包括 4 号保护的第 I 段保护动作时间（10ms）加上 4 号断路器跳闸时间（包含熄弧时间在内，35ms），在这总计 45ms 时间内，1、2 号保护不会误动。所以用前一个 40ms 一直收到信号判断是区外故障，用后一个 25ms 延时来躲过两侧方向元件竞赛带来的影响。在这段延时内 1 号保护的方向元件肯定已处于 F_+ 元件不动作、F_- 元件动作的工作状态。这样 1 号保护已处于发信状态，避免了两侧保护的误动。

　　4. 收到断路器跳闸位置继电器（TWJ）动作信号以后的动作

　　系统由 M 侧向线路充电，发生线路内短路时系统图如图 3-13 所示。在保护装置的后端子上有三个相的跳闸位置继电器 TWJ 的开关量输入端子。当保护装置发现跳闸位置继电器动作后（TWJ＝1），闭锁式纵联保护要做些什么工作呢？

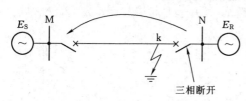

图 3-13　系统由 M 侧向线路充电，
发生线路内短路时系统图

　　如果启动元件未启动，又收到三相跳闸位置继电器都动作的信号时，把启动发信（含远方起信）往后推迟 100ms。

　　该措施主要用来解决图 3-13 中 N 侧断路器处于三相断开状态，系统从 M 侧向线路充电过程中线路上发生短路时 M 侧纵联方向保护拒动问题。因为此时线路上发生短路后，N 侧由于断路器三相都已断开，启动元件不启启，但却收到 M 侧发来的高频信号，立即远方起信发信 10s。闭锁了 M 侧纵联方向保护，造成 M 侧保护拒动。如果故障发生在 M 侧末端，M 侧保护只能由 II 段的距离保护或零序电流保护带延时切除故障，对系统安全稳定运行显然很不利。为解决此问题引入这一措施。这时 N 侧保护由于启动元件不启动，跳闸位置继电器又一直处于动作状态，故把远方起信推迟 100ms。这样发生短路时在这远方起信推迟的这段时间内，M 侧纵联方向保护由于收不到闭锁信号可以动作跳闸。

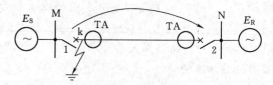

图 3-14　故障发生在断路器与 TA 之间系统图

　　5. 关于保护动作停信问题

　　故障发生在断路器与 TA 之间系统图如图 3-14 所示。在保护装置的后端子上有"其他保护动作"的开关量输入端子。该开关量接点来自于母线保护动作后的接点。在母线保护动作后该接点闭合，纵联方向保护得知母线保护动作后立即停信是为了在图 3-14 的断路器与电流互感器之间发生短路时让纵联保护能立即动作切除故障。

　　如果故障发生在断路器与 TA 之间，此时短路功率由 N 侧流向短路点。M 侧的保护由于电流与规定的正方向相反所以判为反方向短路，与反方向母线短路一样。所以该侧 F_+ 元件不动、F_- 元件动作，从而一直发信闭锁两侧纵联方向保护。但该故障点落在 M

侧的母线保护的保护范围内，所以 M 侧母线保护动作跳开母线上的所有断路器。可是 1 号断路器跳开后，N 侧还继续提供短路电流，该短路功率使 M 侧保护继续判为反方向短路。所以 M 侧保护继续发信，闭锁 N 侧的纵联方向保护。如果不采取措施，N 侧只能由 Ⅱ 段的距离保护或零序电流保护带延时切除故障，这显然对系统安全稳定运行很不利。为此，如果 M 侧纵联方向保护在得知母线保护动作的信息后采取立即停信的措施（此时尽管 F_- 元件动作也停信），就可以使 N 侧纵联方向保护马上动作切除故障。为了让 N 侧纵联方向保护可靠跳闸，在 M 侧母线保护动作的开关量返回后继续停信 150ms。

采用母线保护动作停信措施的另一个作用是如果在母线上发生短路，母线保护动作但断路器拒跳，母线保护动作后停信可以让对侧纵联保护跳闸。

需要指出，在 3/2 接线方式中，母线保护动作是不停信的。对断路器与电流互感器之间的短路靠断路器失灵保护动作停信让对侧纵联保护动作。

6. 应用于弱电侧的纵联方向保护应注意的问题

当输电线路两侧有一侧的背后没有电源或者只有一个小电源时把这一侧称为弱电侧。现在以这一侧背后既没有电源、又没有中性点接地的变压器为例来说明这样的单侧电源线路上发生短路时，该线路纵联方向保护会出现的问题，如图 3-15 所示。

图 3-15　一侧是弱电源侧线路故障

如果在空载或轻载情况下线路上发生短路，弱电侧电流在短路前后都为零，两相电流差突变量启动元件不启动。由于受电侧没有中性点接地的变压器，所以零序电流启动元件也不启动。在受电侧低定值启动元件不动作的情况下，收到电源侧的高频信号后立即远方起信发信 10s。电源侧即使在发生短路 8ms 后自己停信了，但由于一直收到受电侧的闭锁信号而不能跳闸。

如果弱电侧高定值启动元件没有启动，在正常运行程序中当检查到任意一个相电压或相间电压低于 0.6 倍额定电压时，将启动发信（含远方起信）推迟 100ms。因为在线路上发生短路时，弱电侧如果三相电流全是零，其保护安装处的电压就是短路点的电压，故障相或故障相间的电压降低。这时将启动发信推迟一段时间，对侧的纵联方向保护就可在这段时间里可靠跳闸。

四、纵联变化量方向元件

1. 工频变化量方向继电器测量相角

工频变化量方向继电器测量电压、电流故障分量的相位。其正方向元件的测量相角为

$$\Phi_+ = \arg\left(\frac{\Delta U_{12} - \Delta I_{12} Z_{\text{COM}}}{\Delta I_{12} Z_{\text{D}}}\right)$$

其反方向元件的测量相角为

$$\Phi_- = \arg\left(\frac{-\Delta U_{12}}{\Delta I_{12} Z_{\text{D}}}\right)$$

式中　ΔU_{12}、ΔI_{12}——电压、电流变化量的正负序综合分量，无零序分量；

Z_D——模拟阻抗；

Z_{COM}——补偿阻抗，当最大运行方式时系统线路阻抗比 $Z_S/Z_L > 0.5$ 时，$Z_{COM}=0$，否则 Z_{COM} 取为工频变化量阻抗的一半。

正、反方向元件的动作方程为

$$90° < \varphi < 270°$$

2. 工频变化量方向继电器动作行为分析

（1）当正方向故障时，如图 3-16 所示，Z_S 为系统正序阻抗，并假设系统的负序阻抗等于正序阻抗，将工频变化量电压电流分解为对称分量，则

$$\Delta U_1 = -\Delta I_1 Z_S$$

$$\Delta U_2 = -\Delta I_2 Z_S$$

$$\Delta U_{12} = \Delta U_1 + M\Delta U_2 = -(\Delta I_1 + M\Delta I_2)Z_S$$

$$\Delta U_{12} = -\Delta I_{12} Z_S$$

式中　M——转换因子，根据不同的故障类型，装置可选择不同的转换因子以提高灵敏度。

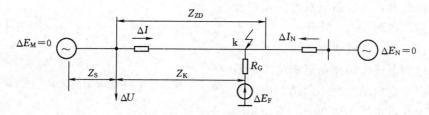

图 3-16　正方向经过渡电阻故障系统图

设系统阻抗角与 Z_D 的阻抗角一致，则正方向元件的测量相角为

$$\Phi_+ = \arg\left(\frac{-\Delta I_{12} Z_S - \Delta I_{12} Z_{COM}}{\Delta I_{12} Z_D}\right) = \arg\left(\frac{-Z_S - Z_{COM}}{Z_D}\right) = 180°$$

反方向元件的测量相角为

$$\Phi_- = \arg\left(\frac{Z_S}{Z_D}\right) = 0°$$

此时正方向元件可靠动作，反方可靠不动作。

（2）反方向故障时，如图 3-17 所示，Z_S' 为线路至对侧系统的正序阻抗，将电压电流分解为对称分量为

$$\Delta U_1 = \Delta I_1 Z_S'$$

$$\Delta U_2 = \Delta I_2 Z_S'$$

$$\Delta U_{12} = \Delta I_{12} Z_S'$$

设系统阻抗角与 Z_D 的阻抗角一致，则正方向元件的测量相角为

$$\Phi_+ = \arg\left(\frac{Z_S' - Z_{COM}}{Z_D}\right) = 0°$$

反方向元件的测量相角为

$$\Phi_- = \arg\left(\frac{-Z_S'}{Z_D}\right) = 180°$$

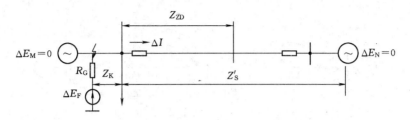

图 3-17　反方向故障计算用图

此时反方向元件可靠动作，正方向元件可靠不动作。

3. 工频变化量方向继电器的特点及应用

(1) 在正、反方向短路时方向继电器的判别十分准确、清晰，因而有良好的方向性。

(2) 工频变化量方向继电器测量的角度与过渡电阻大小、负荷电流大小无关。因此继电器十分灵敏。

(3) 利用接在三个相间的工频变化量方向继电器，并且用 $\Delta I_{相间}$ 值为最大的一个相间方向继电器来作短路方向的判别，可适应任何故障类型。

(4) 在系统振荡时由于电流、电压变化缓慢，$\Delta I_{相间}$、$\Delta U_{相间}$ 值很小。工频变化量方向继电器算法中超不过相应的门槛值（门槛中还有浮动门槛），所以正、反方向两个方向元件都没有动作，因此纵联方向保护在振荡中不会误动。正因为这样，用它构成的纵联方向保护短路后可一直投入，不像纵联距离保护还要受振荡闭锁控制。因而在振荡中再发生短路时该纵联方向保护仍有保护功能。

(5) 在有串联补偿电容的系统中工频变化量方向继电器的动作行为是正确。

(6) 在单侧电源线路上受电侧的工频变化量方向继电器的动作行为是正确。

(7) 在非全相运行期间和在非全相期间运行相上再发生短路时，工作在两运行相间的工频变化量方向继电器的动作行为是正确。

五、超范围允许式纵联保护

允许信号的纵联保护在 500kV 线路中应用较多。目前在 500kV 线路中应用的允许信号的纵联保护是国产的超范围允许式纵联保护。超范围允许式纵联方向保护原理及简略原理框图如图 3-18 所示。

超范围允许信号的纵联方向保护区分故障线路和非故障线路的方法与闭锁式纵联方向保护完全相同。图 3-18 (a) 中，故障线路的特征是两侧的正方向元件 F_+ 均动作，两侧的反方向元件 F_- 均不动，这种情况在非故障线路中是不存在的。而非故障线路的特征是至少有一侧（近故障点的一侧）的 F_+ 元件不动，而 F_- 元件可能动作，这种情况在故障线路中也是不存在的。所以综合比较两侧方向元件的动作行为可以区别故障线路与非故障线路。与闭锁式纵联方向保护不同的仅是信号使用的方法不同。在超范围允许信号的纵联方向保护中由 F_+ 动作 F_- 不动作的一侧向对侧发允许信号。这样在故障线路 NP 上两侧都向对侧发允许信号，对每一侧来说从收到对侧信号知晓对侧的 F_+ 动作 F_- 不动作，再判断本侧也是 F_+ 动作 F_- 不动作，两个构成"与"逻辑发跳闸命令，所以故障线路两侧都

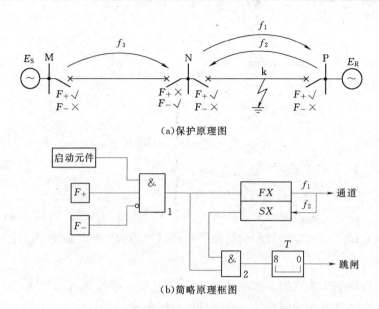

(a) 保护原理图

(b) 简略原理框图

图 3-18 超范围允许式纵联方向保护原理及简略原理框图

能跳闸。在非故障线路 MN 上近故障点的 N 侧虽然收到对侧的允许信号，但是由于本侧 F_+ 不动作 F_- 可能动作，"与"逻辑没有输出不会跳闸。远离故障点的 M 侧虽然本侧的 F_+ 可能动作 F_- 不动作，但由于从来没有收到对侧的允许信号知晓对侧 F_+ 不动作 F_- 可能动作，"与"逻辑也没有输出也不会跳闸，所以非故障线路两侧保护都不发跳闸命令。从上可以看出允许信号主要是在故障线路上传送的。

简略原理框图如图 3-18（b）所示。上述的"与"逻辑由与门 2 来完成，收到信号是与门 2 的动作条件之一，所以该信号是允许信号。该原理框图比闭锁式的简单，各侧保护的动作情况读者可自行分析。总结上述分析，保护能发出跳闸命令一定要满足下述一些条件：①启动元件启动；②F_- 元件不动作；③F_+ 元件动作；④收到对侧的高频信号。同时满足前 3 个条件向对侧发高频信号，同时满足上述 4 个条件 8ms 后发跳闸命令。

从图 3-18 中可看出发信机的发信频率和收信频率是不同的，称为双频制。这样线路两侧发信频率不同，每一侧都只能收对侧的信号不能收本侧信号。可以设想一下如果用单频制，收信机既能收对侧信号也能收本侧信号会出现什么问题？观察图 3-18（a）M 侧的保护，在相邻线路上故障，M 侧的 F_+ 动作 F_- 不动作可以发信。收信机自发自收收到自己的信号，图 3-18（b）中与门 4 两个条件都满足能发跳闸命令，造成 M 侧保护误动。实际上这两个条件是同一个条件即是本侧的 F_+ 动作 F_- 不动作。该保护实际上是一个保护范围为 F_+ 元件保护范围的瞬时动作保护，显然这是不允许的，所以一定要用双频制。目前利用外差式原理的继电保护专用收发信机都是单频制的，所以允许式的纵联方向高频保护要复用载波机。

超范围允许信号的纵联距离保护区分故障线路和非故障线路的方法与闭锁式纵联距离保护完全相同，如图 3-19 所示。故障线路的特征是两侧的阻抗继电器 Z 均动作，而这种情况在非故障线路中是不存在的。非故障线路的特征是至少有一侧（近故障点的一侧）的

阻抗继电器 Z 不动，而这种情况在故障线路中也是不存在的。所以综合比较两侧阻抗继电器的动作行为可以区别故障线路与非故障线路。与闭锁式纵联距离保护不同的仅是信号使用的方法不同。在超范围允许信号的纵联距离保护中由 Z 动作的一侧向对侧发允许信号。这样在故障线路 NP 上两侧都向对侧发允许信号，对每一侧来说从收到对侧信号知晓对侧的 Z 动作，再判断本侧也是 Z 动作，两个构成"与"逻辑发跳闸命令，所以故障线路两侧都能跳闸。在非故障线路 MN 上近故障点的 N 侧虽然收到对侧的允许信号，但是由于本侧 Z 不动作，"与"逻辑没有输出不会跳闸。远离故障点的 M 侧虽然本侧的 Z 动作，但由于从来没有收到对侧的允许信号知晓对侧的 Z 不动作，"与"逻辑也没有输出不会跳闸，所以非故障线路两侧保护都不发跳闸命令。

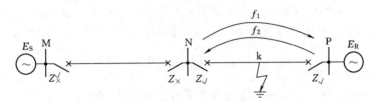

图 3 - 19　超范围允许式纵联距离保护原理图

下面叙述在允许式纵联保护中的一些原则规定。

1. 收到三相断路器跳闸位置继电器（TWJ）动作信号以后的动作

（1）在启动元件未启动、三相跳闸位置继电器又都处在动作状态下时，如果收到对侧的信号立即发信 100ms，向对侧提供允许信号。系统由 M 侧向线路充电，发生线路内短路时系统图如图 3 - 20 所示。

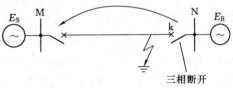

图 3 - 20　系统由 M 侧向线路充电，发生线路内短路时系统图

这是为了解决在图 3 - 20 中的当系统由 M 侧给线路充电，N 侧断路器三相断开时，线路上发生短路 M 侧纵联保护拒动问题。因为此时 N 侧启动元件不启动，方向元件不进行计算，不能向 M 侧发允许信号。采取本措施后只要 M 侧先把信号发过来，N 侧收到信号后马上回发允许信号，于是 M 侧纵联方向保护就能动作跳闸了，这功能也称为"三跳回授"功能。

（2）在启动元件启动以后又收到三相跳闸位置继电器都动作的信号并确认三相均无电流时马上发信，给对侧提供允许信号。此措施的目的是让对侧可靠跳闸。因为这种情况说明本线路上发生了故障，本侧断路器已经三相跳闸，当然也应该让对侧跳闸。

2. 关于保护动作发信问题

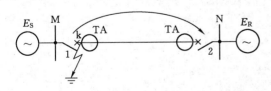

图 3 - 21　故障发生在断路器与 TA 之间

（1）母线保护动作发信。保护装置上有"其他保护动作"的开入量端子，一般此开入接点接的是"母线保护动作"接点。采用允许式时保护装置检查到此接点闭合后立即发信。采取此措施是为了解决图 3 - 21 所示

的短路发生在断路器与 TA 之间时 N 侧纵联方向保护拒动问题。因为在该处短路时无论该侧断路器是否跳闸 M 侧保护都判为反方向短路，F_+ 不动作 F_- 动作。所以 M 侧纵联方向保护既不发跳闸命令也不向 N 侧发允许信号，这导致了 N 侧纵联方向保护也不能发跳闸命令，两侧纵联方向保护都不动作。该处短路 M 侧母线保护能够动作，它动作后一方面立即跳闸，另一方面用开关量把母线保护动作的信息通知线路保护。纵联方向保护得此信息后立即发信给 N 侧提供允许信号，于是 N 侧纵联方向保护可以跳闸。M 侧保护在母线保护动作的开关量返回后继续发信 150ms，确保 N 侧可靠跳闸。

（2）本装置保护动作发信。本装置任一种保护发跳闸命令后立即发信，并在跳闸信号返回后继续发信 150ms。因为既然本装置已发跳闸命令说明是本线路故障，立即向对侧提供允许信号有利于对侧可靠跳闸。保护装置发三相跳闸命令发信直至跳闸命令返回后还继续发信 150ms，保护装置发单相跳闸命令时只发信 150ms，这段时间保证让对侧可靠跳闸。

3. 功率倒向时出现的问题及对策

在介绍闭锁式纵联方向保护时曾提及在平行线路上某回线发生短路时，由于两侧断路器跳闸时间不同在一侧断路器先跳开而另一侧断路器还未跳开时，另一回非故障线路上将出现功率倒向。功率倒向时非故障线路两侧的方向元件动作行为全都要翻转，有一个竞赛问题，致使非故障线路的纵联方向保护有可能误动。在允许式的纵联方向保护中这种竞赛带来的可能误动问题同样存在。

在允许式纵联保护中为了防止这种误动采取的措施与闭锁式纵联保护中采取的措施相同：如果纵联保护在连续 40ms 内一直未收到信号或不满足正方向方向元件动作、反方向方向元件不动作的条件（对纵联距离保护是不满足阻抗继电器动作的条件），那么纵联保护再动作要加 25ms 的延时。前一个 40ms 的延时用来判断发生了区外故障，用后一个 25ms 延时来躲过两侧方向元件竞赛带来的影响。后一个延时太长将加长区外故障后又发生区内故障时保护的动作时间，所以这个延时在保证功率倒向后，两侧方向元件都可靠完成翻转并考虑足够的裕度时间的前提下应尽量缩短。

4. 应用于弱电侧的允许式纵联方向保护应注意的问题

当输电线路有一侧背后无电源或只有小电源时该侧称为弱电侧。以该侧背后无电源为例，在这样的单侧电源线路上发生短路。如果弱电侧启动元件没有启动，或者虽然启动了但是流过保护的三相电流都是零或者三相电流突变量很小致使方向元件或阻抗元件不能动作都导致弱电侧不能往对侧发允许信号，从而造成电源侧的纵联方向或纵联距离保护拒动。

采取的措施为在正常运行程序中如果：①检查到任意一个相电压或相间电压低于 0.6 倍额定电压；②又收到对侧信号；此时立即发信 100ms，向对侧提供允许信号，对侧的纵联方向保护就可以可靠跳闸。

项目四 变压器保护的配置与调试

引言：

  如图 4-1 所示，如果变压器绕组、套管及引出线上发生故障，系统会有什么现象？如何消除故障对变压器的影响？

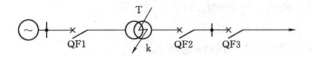

图 4-1 电力系统图

任务一 变压器主保护的配置

任务提出：

  根据图 4-1，给变压器配置合适的主保护。

任务实施：

  （1）学生分组讨论、分析和查阅资料，初步制定变压器主保护方案。

  （2）各组画出保护的单相原理接线图。

知识链接：

一、变压器电流速断保护

1. 电流速断保护的原理接线图

对于容量较小的变压器，可在其电源侧装设电流速断保护，与瓦斯保护配合反映变压器绕组及引出线上的相间短路故障。变压器的电流速断保护单相原理接线如图 4-2 所示。

变压器电流速断保护装于电源侧，当变压器的电源侧为直接接地系统时，保护采用完全星形接线，若为非直接接地系统，可采用两相不完全星形接线。当满足动作条件时，电流速断保护瞬时动作于变压器各侧断路器跳闸，并发出动作信号。

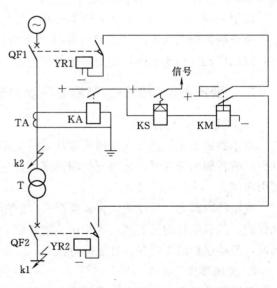

图 4-2 变压器电流速断保护单相原理接线图

2. 电流速断保护的整定

（1）电流动作值整定。电流速断保护的一次动作电流按以下条件计算，并选择其中较大者作为保护的动作值。

1）躲过变压器负荷侧母线（图 4-1 中 k1 点）短路时流过保护装置的最大短路电流，即

$$I_{\text{act}} = K_{\text{rel}} I_{\text{k. max}} \qquad (4-1)$$

式中　K_{rel}——可靠系数，一般取 1.3～1.5；

　　　$I_{\text{k. max}}$——系统最大运行方式下，变压器负荷侧母线（图 4-2 中 k1 点）发生三相金属性短路时，流过保护的最大短路电流。

2）躲过变压器空载投入时的励磁涌流，通常取

$$I_{\text{act}} = (7 \sim 12) I_{\text{N. T}} \qquad (4-2)$$

式中　$I_{\text{N. T}}$——保护安装侧变压器的额定电流。

（2）保护的灵敏度校验。

$$K_{\text{sen}} = \frac{I_{\text{k. min}}^{(2)}}{I_{\text{act}}} \geqslant 2 \qquad (4-3)$$

式中　$I_{\text{k. min}}^{(2)}$——系统最小运行方式下，电流速断保护安装处（图 4-2 中 k2 点）发生两相金属性短路时，流过保护装置的最小短路电流。

3. 电流速断保护的特点

优点：接线简单、动作迅速；能瞬时切除变压器电源侧引出线、出线套管及变压器内部部分线圈的故障。

缺点：不能保护电力变压器的整个范围，当系统容量较小时，保护范围较小，灵敏度较难满足要求；在无电源的一侧，出线套管至断路器这一段发生的短路故障，要靠相间短路的后备保护才能反映，切除故障的时间较长，对系统安全运行不利；对于并列运行的变压器，负荷侧故障时将由相间短路后备保护无选择性地切除所有变压器，扩大了停电范围。

适用范围：10000kVA 以下的变压器，且其过电流保护的时限大于 0.5s。

由于电流速断保护简单、经济并且与瓦斯保护、变压器的相间短路后备保护配合较好，因此广泛应用于小容量变压器的保护中。

二、变压器差动保护（简称变压器差动保护）

1. 作用及保护范围

变压器差动保护作为变压器绕组故障时变压器的主保护，差动保护的保护区是构成差动保护的各侧电流互感器之间所包围的部分，包括变压器本身、电流互感器与变压器之间的引出线。

变压器内部电气故障的危害非常严重，故障的变压器必须快速切除。差动保护作为单元保护，具有很高的灵敏度，可用作快速跳闸，但必须保证故障变压器有选择性地断开。同时，差动保护绝不应在区外故障时误动。

2. 构成原理及接线

变压器差动保护涉及有电磁感应关系的各侧电流，它的构成原理是磁势平衡原理。

以双绕组变压器为例，如果两侧电流 $\dot{I}_1$、$\dot{I}_2$ 都以流入变压器为正方向，则正常运行或外部故障时根据磁势平衡原理有

$$\dot{I}_1 W_1 + \dot{I}_2 W_2 = \dot{I}_e W_1 \tag{4-4}$$

式中 W_1、W_2——1 侧和 2 侧绕组的匝数。

如果忽略励磁电流 I_e，则 $\dot{I}_1 W_1 + \dot{I}_2 W_2 = 0$。

如果变压器的变比和变压器星—三角接线带来的相位差异都被正确补偿，则变压器在正常运行或外部故障时，流过变压器各侧电流的相量和为零。即 $\sum \dot{I} = 0$。即变压器正常运行或外部故障时，流入变压器的电流等于流出变压器的电流。两侧电流的相量和为零，此时，差动保护不应动作。当变压器内部故障时，两侧电流的相量和等于短路点的短路电流，其差动保护动作，切除故障变压器。

图 4-3 画出了模拟型的变压器差动保护的单相原理接线图。在微机型变压器保护中，各相电流分别进入保护装置，由软件算法实现差动保护，但仍然可以用该图来分析差动保护的原理。下面分正常运行或外部短路和内部短路两种情况说明变压器差动保护的基本原理。

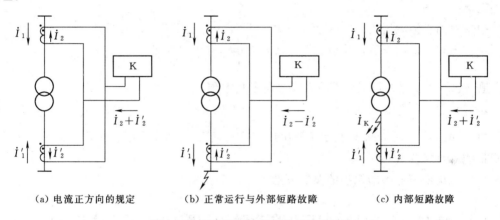

（a）电流正方向的规定　　（b）正常运行与外部短路故障　　（c）内部短路故障

图 4-3 变压器差动保护的原理接线图

（1）正常运行与外部短路。如果变压器各侧以流入变压器的电流为正方向，如图 4-3（a）所示，差动继电器中的电流为 $\dot{I}_2 + \dot{I}_2'$。正常运行时如果负荷电流是从上往下流或者如图 4-3（b）所示的发生外部短路时流过变压器的短路电流也是从上往下流的，此时图中的 $\dot{I}_1'$、$\dot{I}_2'$ 电流的方向将与规定的电流正方向相反，流入差动继电器中的电流为 $\dot{I}_2 - \dot{I}_2'$。只要合理选择电流互感器的变比和接线方式，就可以使流入差动继电器中的电流为零，即 $\dot{I}_2 - \dot{I}_2' = 0$，此时差动继电器不动作。

可以看出，如果变压器里只流过穿越性电流（负荷电流或外部短路时流过变压器的短路电流）时差动继电器不动作。

（2）内部短路。当变压器内部发生短路时，原理接线图如图 4-3（c）所示。由于两侧电源向故障点提供短路电流，这时电流的实际方向与规定的正方向一致，且幅值均较

大。如果把短路电流 $\dot{I}_K$ 也归算到 TA 二次侧，流入差动继电器的电流就等于短路电流，即 $\dot{I}_2+\dot{I}'_2=\dot{I}_K\gg 0$，差动继电器可以动作切除故障。

可以看出，变压器差动保护的保护范围是构成差动保护的 TA 所包含的范围，只要在保护范围内部有流出的电流，例如内部短路的短路电流，该电流将流入差动继电器成为差电流（动作电流）。

三、变压器差动保护和电流速断保护的配置原则

对变压器绕组、套管及引出线上的故障，应根据容量的不同，装设差动保护或电流速断保护。

（1）差动保护适用于：并列运行的变压器，容量为 6300kVA 以上时；单独运行的变压器，容量为 10000kVA 以上时；发电厂厂用工作变压器和工业企业中的重要变压器，容量为 6300kVA 以上时。

（2）电流速断保护适用于：10000kVA 以下的变压器，且其过电流保护的时限大于 0.5s 时。

（3）对 2000kVA 以上的变压器，当电流速断保护的灵敏性不能满足要求时，也应装设差动保护。

（4）对高压侧电压为 330kV 及以上的变压器，可装设双差动保护。

（5）上述保护动作后，均应跳开变压器各电源侧的断路器。

想一想：变压器差动保护与线路差动保护的异同？

思考题：

（1）如图 4-1 中，如果在变压器出线套管与 QF2 之间发生短路故障，变压器电流速断保护能够可靠反映吗？

（2）说出变压器差动保护的保护范围。

任务二　消除变压器差动保护回路中的不平衡电流

任务提出：

变压器差动保护原理与线路差动保护原理相同，但在正常运行、外部故障、变压器空投及外部故障切除后的暂态过程中，变压器差动回路中不平衡电流相对比较大，为什么？如何消除？

任务实施：

（1）学生分组讨论分析，说明变压器差动保护回路不平衡电流产生的原因。

（2）各组制定消除变压器差动保护回路中不平衡电流的解决方案。

知识链接：

实现输电线路、发电机、电动机及母线的差动保护比较容易，因为这些主设备在正常工况下或外部故障时其流进电流等于流出电流，能满足 $\sum \dot{I}=0$ 的条件。变压器却不同，

在正常运行、外部故障、变压器空投及外部故障切除后的暂态过程中，流入电流与流出电流相差很大。

在发生外部短路故障时，流经变压器的是一个穿越性的短路电流。理想情况下，差动元件的差电流应该是零，可是由于变压器的励磁电流影响、各侧 TA 变比误差不同、各侧 TA 暂态特性不同、各侧电流回路的时间常数不同以及变压器有载调压的影响等原因，实际差电流不是零，这种在外部短路时（包括正常运行时）出现的差电流称为不平衡电流。

要实现变压器的差动保护，需要躲开流过差动回路中的不平衡电流。现对变压器差动保护不平衡电流产生的原因及消除方法分别讨论如下：

1. 由变压器的励磁涌流产生的不平衡电流

变压器在投入电源或外部故障切除后电压恢复过程中，会出现励磁涌流。特别是在电压为零时刻合闸时，变压器铁芯中的磁通急剧增大，使铁芯瞬间饱和，这时出现数值很大的冲击励磁电流（可达 5～10 倍的额定电流），通常称为励磁涌流。

由于励磁电流数值很大，全部流入差动继电器中形成较大的不平衡电流，变压器差动保护若用动作电流来躲过其影响，差动保护在变压器内部故障时的灵敏度将会很低。下面以一台单相变压器的空载合闸为例来说明励磁涌流产生的原因。

由变压器的工作原理可知，变压器的励磁电流只流过变压器某一侧绕组，因此，通过电流互感器反映到差动回路中不能被平衡。在正常情况下，变压器的励磁电流很小，通常只有变压器额定电流的 2%～10% 或更小，故差动保护回路的不平衡电流也很小，可忽略不计。在外部短路故障时，由于系统电压下降，励磁电流也减小。因此，在稳态情况下，励磁电流对差动保护的影响可忽略不计。运行电压一般不超过 $10\%U_N$，相应的磁通 Φ 就不会超过饱和磁通 Φ_s，铁芯处于不饱和状态。

铁芯中的磁通滞后外加电压 90°，假设变压器在 $t=0$ 时刻空载合闸，此时电压瞬时值 $u=0$，初相角为 0°，那么，铁芯中的磁通应为负的最大值 $-\Phi_m$。但是，由于铁芯中的磁通不能突变，因此，将出现一个非周期分量磁通 $+\Phi_m$。经过半个周期后，铁芯中的磁通达到 $2\Phi_m$。再加上铁芯中原来的剩磁通 Φ_r，则总磁通为 $2\Phi_m+\Phi_r$，远大于饱和磁通 Φ_s。这时，变压器的铁芯严重饱和，产生励磁涌流。此时磁通的变化曲线和励磁涌流的图形分别如图 4-4、图 4-5 所示。

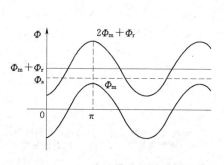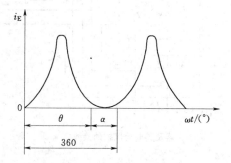

图 4-4 变压器磁通的变化曲线 图 4-5 励磁涌流的图形

前面分析可知，励磁涌流的大小与铁芯中的磁通大小有关。磁通越大，铁芯越饱和，励磁涌流就越大。因此，影响励磁涌流大小的因素主要有：

（1）电源电压。电源电压越高，磁通越大，励磁涌流越大。

（2）合闸角。当合闸角为 0°时，励磁涌流大，当合闸角为 90°时，励磁涌流较小。

（3）剩磁。合闸前，变压器铁芯中的剩磁越大，励磁涌流越大。

此外，励磁涌流的大小还与变压器的结构、铁芯材料及设计的工作磁密有关。变压器的容量越小，空投时励磁涌流与其额定电流之比就越大。

励磁涌流具有以下特点：

（1）包含有很大成分的非周期分量，往往使励磁涌流偏于时间轴一侧。

（2）包含有大量的高次谐波，以二次谐波为主。

（3）波形之间出现间断（图 4-5），在一个周期中的间断角 α 很大。

根据以上特点，变压器差动保护中防止励磁涌流影响的方法有：

（1）采用具有速饱和铁芯的差动继电器。

（2）鉴别短路电流和励磁涌流波形的差别。

（3）利用二次谐波制动躲励磁涌流的影响。

2. 由变压器两侧电流相位不同产生的不平衡电流

由于变压器常常采用 Y，d11 的接线方式，因此，其两侧电流的相位差 30°。此时，如果两侧的电流互感器仍采用通常的接线方式，则二次电流由于相位不同，也会有一个差电流流入继电器。为了消除这种不平衡电流的影响，通常将变压器星形侧的 3 个电流互感器接成三角形，而将变压器三角形侧的 3 个电流互感器接成星形，并适当考虑连接方式后即可把二次电流的相位校正过来。在微机保护中，利用软件校正。采用 Y，d11 接线变压器的差动保护接线和矢量图如图 4-6 所示。

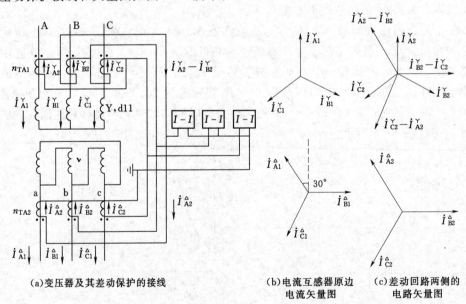

（a）变压器及其差动保护的接线　　（b）电流互感器原边　　（c）差动回路两侧的
　　　　　　　　　　　　　　　　　　电流矢量图　　　　　　电路矢量图

图 4-6　Y，d11 接线变压器的差动保护接线和矢量图

但当电流互感器采用上述连接方式后，在互感器接成三角形侧的差动一臂中，电流又增大 $\sqrt{3}$ 倍。此时为保证在正常运行及外部故障情况下差动回路中没有电流，必须将该侧

电流互感器的变比加大$\sqrt{3}$倍，以减小二次电流，使之与另一侧的电流相等，因此此时选择变比的条件是

$$\frac{n_{\mathrm{TA2}}}{n_{\mathrm{TA1}}/\sqrt{3}}=n_{\mathrm{T}} \tag{4-5}$$

式中　n_{TA1}和n_{TA2}——适应 Y，d11 接线的需要采用的新变比。

　　3. 由计算变比和实际变比不同而产生的不平衡电流

　　变压器两侧电流互感器的变比都选取标准变比，变压器的变比也是标准变比，三者的关系很难满足 $n_{\mathrm{TA2}}/n_{\mathrm{TA1}}=n_{\mathrm{T}}$ 或 $n_{\mathrm{TA2}}/n_{\mathrm{TA1}}/\sqrt{3}=n_{\mathrm{T}}$，因此正常运行时差动回路中有不平衡电流。

　　对于模拟式差动保护装置，利用具有速饱和铁芯差动继电器的平衡线圈来消除不平衡电流的影响。由于计算的平衡线圈匝数一般都不是整数，而实际上平衡线圈只是按整匝数进行选择，因此差动回路依然还有一残余的不平衡电流存在，这在整定计算时应该予以考虑，或者采用自耦变流器，改变其变比补偿不平衡电流。

　　对于数字式差动保护装置，在保护软件中只需按照一定公式进行简单的计算就能够实现补偿。

　　4. 由两侧的电流互感器型号不同而产生的不平衡电流

　　由于变压器各侧电压等级不同，电流互感器的型号也不同，它们的励磁特性、励磁电流（归算到同一侧）也就不同，因此，在差动回路中所产生的不平衡电流也就较大。

　　因此，应采用电流互感器的同型系数 $K_{\mathrm{ss}}=1$，在差动保护的整定计算中加以考虑。

　　5. 由变压器带负荷调整分接头而产生的不平衡电流

　　带负荷调整变压器的分接头是电力系统中带负荷调压变压器调整电压的一种方法，实际上改变分接头就改变了变压器的变比 n_{T}。如果差动保护按照某一变比调整（如采用平衡线圈或者按照某一变比进行不平衡电流的软件补偿），则当分接头改变时就会产生新的不平衡电流流入差动回路。而变压器的分接头按照系统运行要求经常改变，此时不可能再重新选择平衡线圈或者重新整定软件补偿系数。

　　因此，由变压器带负荷调整分接头而产生的不平衡电流应在变压器差动保护的整定计算中加以考虑。计算变压器额定运行时差动保护臂中的不平衡电流见表 4-1。

表 4-1　　　　　　　计算变压器额定运行时差动保护臂中的不平衡电流

电　压　侧	115kV	10.5kV
额定电流/A	$\dfrac{35\times10^3}{\sqrt{3}\times115}=176$	$\dfrac{35\times10^3}{\sqrt{3}\times10.5}=1925$
电流互感器的接线方式	△	Y
电流互感器计算变化	$\dfrac{\sqrt{3}\times158}{5}=\dfrac{273}{5}$	$\dfrac{1730}{5}$
电流互感器实际变比	$300/5=60$	$2000/5=400$
保护臂中电流/A	$\dfrac{\sqrt{3}\times158}{60}=4.56$	$\dfrac{1730}{400}=4.33$
不平衡电流/A	$4.56-4.33=0.23$	

除以上因素外，影响变压器差动回路不平衡电流的主要因素是电流互感器的误差，而由电流互感器的等值电路可知影响电流互感器误差的根本原因是存在励磁电流。变压器各侧电流互感器励磁特性的差异，即励磁电流归算到一侧不相等，变压器差动回路的不平衡电流就不可避免。

为了减小由于励磁电流带来的不平衡电流影响，可采用的措施有：

（1）选用 D 级差动保护专用电流互感器，当通过外部最大稳态短路电流时，差动保护回路的二次负荷能满足 10％误差的要求。

（2）通过适当增大导线截面、尽可能缩短控制电缆的长度来减小控制电缆的电阻，或者电流互感器的二次额定电流为 1A 等方式减少电流互感器的二次负荷。

（3）采用带小气隙的电流互感器。

根据上述分析，在稳态情况下，为整定变压器的差动保护所采用的不平衡电流可由下式确定

$$I_{unb.\,max} = (K_{ss} \times 10\% + \Delta U + \Delta f)\frac{I_{k.\,max}}{n_{TA}} \tag{4-6}$$

式中　K_{ss}——电流互感器的同型系数，取 1；

　　10％——电流互感器容许的最大相对误差；

　　ΔU——由变压器带负荷调压分接头改变所引起的相对误差，一般 ΔU 等于电压调整范围的一半；

　　Δf——采用的互感器变比或平衡线圈的匝数与计算值不同时引起的相对误差；

　　$\dfrac{I_{k.\,max}}{n_{TA}}$——保护范围外部最大短路电流归算到二次侧的数值。

6. 系统短路暂态情况下的不平衡电流

差动保护是在一次系统短路暂态过程中发出瞬时跳闸脉冲，但此过程中一次侧的短路电流含有非周期分量，很难转换到二次侧成为励磁电流，造成铁芯严重饱和，因此产生的不平衡电流很大。

针对这个问题，差动保护采用具有速饱和特性的中间变流器减小系统短路暂态过程中产生的不平衡电流。然而，只有等非周期分量衰减幅度较大后（1～2 个周期）保护才能动作，使用范围受到限制。如果差动保护采用速饱和中间变流器后仍不能满足灵敏度要求，可选用带制动特性的差动保护。该保护的工作原理将在任务三中详细介绍。

👀 **想一想：** 变压器差动保护的动作电流按式（4-6）躲过最大不平衡电流整定，保护的灵敏度怎样？

思考题：

（1）说明变压器励磁涌流的产生原因和主要特征。为减少或消除励磁涌流对变压器保护的影响，目前采取的措施有哪些？

（2）简述变压器差动保护不平衡电流产生的原因及减小不平衡电流影响的措施。

任务三　变压器比率制动特性差动保护的配置

任务提出：

　　由前面任务可知，由于变压器各侧电压等级、绕组接线方式、电流互感器型式和变比的不同以及变压器励磁涌流等原因，变压器在正常运行和差动保护范围外发生故障时，差动回路中仍会流过一定的不平衡电流，差保护的动作电流按躲过最大可能的不平衡电流整定，动作值比较大，无法满足保护灵敏度要求。应采取什么措施提高差动保护的灵敏度？

任务实施：

　　为了提高差动保护的灵敏度，学生分组讨论，根据变压器技术参数和电力系统运行情况，配置合适的比率制动特性差动保护。

知识链接：

　　为了能够可靠地躲开外部故障的不平衡电流和励磁涌流，同时又能提高变压器内部故障的灵敏性，在变压器的差动保护中广泛采用具有不同特性的差动保护。

一、比率制动差动保护

　　比率制动差动保护的动作电流是随外部短路电流按比率增大，既能保证外部短路不误动，又能保证内部短路具有较高的灵敏度。

　　变压器外部故障时，流入差动回路的不平衡电流与变压器外部故障时的穿越电流有关，穿越电流越大，不平衡电流也越大。比率制动差动保护是在保护中引入一个能够反应变压器穿越电流大小的制动电流，保护的动作电流不再是按躲过最大穿越电流整定，而是根据制动电流自动调整。

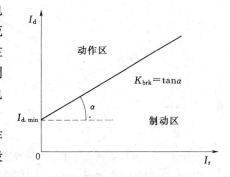

图 4-7　一段折线式的比率制动特性曲线

　　不同型号的差动保护装置，其差动元件的动作特性不相同。差动元件的比率制动特性曲线有一段折线式、两段折线式和三段折线式。

　　1. 动作特性与动作方程

　　（1）一段折线式差动元件。其比率制动特性如图 4-7 所示，当计算得到的差动电流 I_d 和制动电流 I_r 所对应的工作点位于该折线的上方时差动元件动作。

　　故其动作方程式为

$$I_d \geqslant I_{d.\,min} + K_{brk} I_r \tag{4-7}$$

式中　I_d——差动电流，也称作动作电流。$I_d = \left| \sum\limits_{i=1}^{m} \dot{I}_i \right|$，即各侧电流的相量和。对于双

　　　　绕组变压器，$I_d = |\dot{I}_1 + \dot{I}_2|$（$\dot{I}_1$、$\dot{I}_2$ 分别为差动元件两侧的电流）；

　　　$I_{d.\,min}$——差动元件的启动电流，也叫最小动作电流或初始动作电流；

　　　K_{brk}——折线的斜率，也叫比率制动系数；

I_r——制动电流，一般取差动元件各侧电流中的最大者，即 $I_r = \max\{|\dot{I}_1|, |\dot{I}_2|, \cdots,$
$|\dot{I}_m|\}$，也有采用 $I_r = \dfrac{1}{2}\sum\limits_{i=1}^{m} |\dot{I}_i|$，即各侧电流标量和（绝对值和）的一半。

（2）两段折线式差动元件。在国内，广泛采用的变压器差动保护多为具有两段折线式比率制动特性的差动元件，其特性如图 4-8 所示。当计算得到的差动电流 I_{dz} 和制动电流 I_{zd} 所对应的工作点位于两折线的上方时差动元件动作。

水平 AB 段说明：①由于电流互感器特性不同（电流互感器饱和）以及有载调压影响等会产生不平衡电流，另外内部的电流算法补偿存在误差，所以在正常运行时仍有小量不平衡电流，差动保护的动作电流大于这个不平衡电流；②制动电流较小时，采用较小的动作电流，保证内部轻微故障时具有较高的灵敏度。

折线 BC 段说明：外部故障时，制动电流较大，采用较大的差动动作电流保证区外故障时保护不误动。

故其动作方程式是式（4-8）两个方程的逻辑"与"。

$$\begin{cases} I_d \geqslant I_{d.\min} & I_r \leqslant I_{r.\min} \\ I_d \geqslant K_{brk}(I_r - I_{r.\min}) + I_{d.\min} & I_r > I_{r.\min} \end{cases} \tag{4-8}$$

式中　$I_{r.\min}$——拐点电流，即开始出现制动作用的最小制动电流；其他符号的物理意义同式（4-7）。

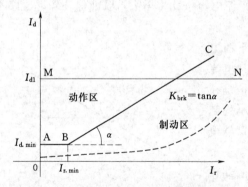

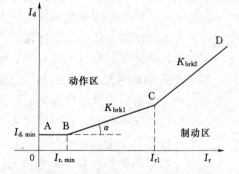

图 4-8　两段折线式的比率制动特性曲线　　图 4-9　三段折线式的比率制动特性曲线

（3）三段折线式差动元件。三段折线比率制动特性曲线如图 4-9 所示，当计算得到的差动电流 I_{dz} 和制动电流 I_{zd} 所对应的工作点位于三折线的上方时差动元件动作。

故其动作方程式是式（4-9）3 个方程的逻辑"与"。

$$\begin{cases} I_d \geqslant I_{d.\min} & I_r \leqslant I_{r.\min} \\ I_d \geqslant K_{brk1}(I_r - I_{r.\min}) + I_{d.\min} & I_{r.\min} < I_r \leqslant I_{r1} \\ I_d \geqslant K_{brk2}(I_r - I_{r1}) + K_{brk1}(I_{r1} - I_{r.\min}) + I_{d.\min} & I_r > I_{r1} \end{cases} \tag{4-9}$$

式中　K_{brk1}——第二折线的斜率；

　　　K_{brk2}——第三段折线的斜率；

　　　I_{r1}——第二个拐点电流；

其他符号的物理意义同式（4-7）。

2. 比率制动特性曲线的参数

图 4-7 所示的一段折线式的比率制动特性曲线由于在制动电流较小时其动作区小，在

变压器绕组匝间短路的情况下保护灵敏度较差，所以在变压器纵差动保护中应用不合适。

目前采用较多的是如图4-8所示的两段折线式比率制动特性。该特性曲线由3个参数来决定：启动电流$I_{d.min}$、拐点电流$I_{r.min}$、比率制动系数K_{brk}（特性曲线的斜率）。由于差动元件的动作灵敏度及躲区外故障的能力与其动作特性有关，因此也与这3个参数有关。

在发生外部短路时，流经变压器的是一个穿越性的短路电流。流经变压器的穿越性短路电流越大，不平衡电流也越大，但它们不完全是线性关系。当制动电流为$I_r = \dfrac{1}{2}\sum_{i=1}^{m}|\dot{I_i}|$时，外部短路时的制动电流就是流经变压器的穿越性短路电流，因此可以画出不平衡电流随制动电流变化而变化的关系曲线，如图4-8中的虚线所示。

变压器比率制动特性的3个参数的选择应该在保证外部短路不误动的前提下，尽量提高内部短路的灵敏度。所以在图4-8中，两段折线式比率制动特性曲线应该位于不平衡电流曲线的上方并留有足够的裕度，在此前提下，尽量提高内部短路的灵敏度。

二、工频变化量比率差动保护

由于负载电流总是穿越性质的，因此变压器内部短路故障时负载电流总起制动作用。为了提高保护灵敏度，特别是变压器内部匝间短路故障时的灵敏度，应将负载电流扣除，因此纵差保护可采用故障分量比率制动特性，即工频变化量比率制动特性。

工频变化量比率差动保护的逻辑框图如图4-10所示。

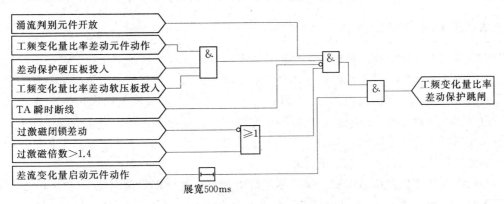

图4-10 工频变化量比率差动的逻辑框图

注意，工频变化量比率差动保护的制动电流计算方法与稳态比率差动保护不同。工频变化量比率差动保护的制动电流取最大相制动。

工频变化量比率差动保护经过涌流判别元件、过激磁闭锁元件闭锁后出口。由于工频变化量比率差动保护的制动系数可取较高的数值，其本身的特性阻抗区外故障时电流互感器的暂态和稳态饱和能力较强，因此，工频变化量比率差动元件提高了装置在变压器正常运行时内部发生轻微匝间故障的灵敏度。

三、二次谐波制动差动保护

由上述内容可知，变压器励磁涌流中含有大量二次谐波分量，一般约占基波分量的

40％以上。二次谐波制动方法就是检测差动电流中二次谐波含量，大于整定值时就将差动保护闭锁，以防止励磁涌流引起的误动。采用这种原理的保护称为二次谐波制动差动保护。

二次谐波制动元件的动作判据为

$$I_2 > K_2 I_1 \qquad (4-10)$$

式中　I_1——差动电流中基波分量的幅值；

　　　I_2——差动电流中二次谐波分量的幅值；

　　　K_2——二次谐波制动比，按躲过各种励磁涌流下最小的二次谐波含量整定，一般取
　　　　　　15％～20％。K_2越大，保护躲励磁涌流的能力越差。

当式（4-10）满足，判为励磁涌流，闭锁差动保护；当式（4-10）不满足，开放差动保护。

二次谐波制动差动保护优点是原理简单、调试方便、灵敏度高，在变压器差动保护中广泛应用。缺点是在具有静止无功补偿装置等电容分量比较大的系统，故障暂态电流中由于二次谐波的存在，差动保护的速度会受到影响。若变压器空载合闸前故障已存在，合闸后非故障相出现励磁涌流，差动保护也将延时动作或拒动。

同理，在变压器差动保护中，常用五次谐波制动原理来躲避过励磁对差动保护的影响。

思考：变压器内部故障电流互感器严重饱和时，差动电流中的暂态分量有可能存在二次谐波，若二次谐波含量超过K_2，差动保护也将被闭锁，一直等到暂态分量衰减后才能动作。如何消除二次谐波制动特性对差动保护的影响呢？

四、差动电流速断保护

一般情况下比率制动的微机差动保护作为变压器的主保护就足够了，但在变压器内部严重故障时，差动电流很大，电流互感器严重饱和而使交流暂态传变严重恶化，其中含有大量的谐波分量，从而使涌流判别元件误判断为励磁涌流，致使差动保护拒动或延缓动作。为克服差动保护的上述缺点，变压器还配置差动电流速断保护，当发生区内严重故障后电流互感器还未严重饱和，差动电流大于差动电流速断保护的动作电流，保护快速出口跳闸切除变压器，如图4-8中MN段。

差动电流速断保护定值应躲过变压器初始励磁涌流和外部故障时的最大不平衡电流，取以下两式中较大值

$$I_{act} > K_m I_{N.T} \qquad (4-11)$$

$$I_{act} > K_{rel} I_{unb.\,max} \qquad (4-12)$$

式中　K_m——励磁涌流的整定倍数，根据变压器容量和系统电抗大小而定。一般变压器
　　　　　　容量在6.3MVA及以下，$K_m = 7 \sim 12$；变压器容量在6.3～31.5MVA，
　　　　　　$K_m = 4.5 \sim 7$；变压器容量40～120MVA，$K_m = 3 \sim 6$；变压器容量在
　　　　　　120MVA及以上，$K_m = 2 \sim 5$；当变压器容量越大、系统电抗越小时，K_m
　　　　　　值应取低值；

　　　K_{rel}——可靠系数，一般取1.3～1.5。

对于差动电流速断保护，正常运行方式下保护安装处发生区内两相金属性短路时，要求保护灵敏系数$K_{sen} \geqslant 1.2$。

五、零序比率差动保护

运行实践表明，220～500kV 的变压器，大电流系统侧的单相接地短路是极容易发生的故障类型之一，针对这种情况，配置零序差动保护，作为大容量超高压三卷自耦变压器大电流系统侧内部接地故障的主保护。三卷自耦变压器零序差动保护原理接线如图 4-11 所示。

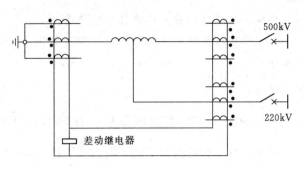

图 4-11　自耦变压器零序差动保护原理接线图

自耦变压器高压侧及中压侧的电流互感器，采用三相同极性并联构成零序滤过器。零差元件各侧电流互感器可以采用同型号及同变比。零差保护不受变压器激励电流及带负荷调压的影响，保护构成简单，动作灵敏。零序比率差动的逻辑框图如图 4-12 所示。

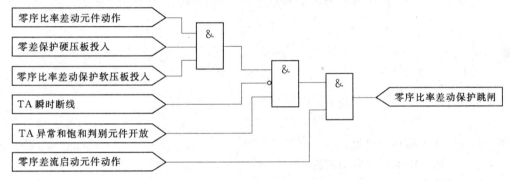

图 4-12　零序比率差动的逻辑框图

想一想：变压器比率制动差动保护与差动速断保护如何配合？

思考题：

（1）简述变压器二次谐波制动的比率差动保护的工作原理。

（2）在比率差动保护中，制动系数就是比率制动特性的斜率吗？

（3）工频变化量比率差动保护的灵敏度为何比稳态比率差动保护的灵敏度高？

任务四　变压器微机型差动保护的调试

任务提出：

按照微机型变压器保护装置检验报告要求，调试差动保护。

任务实施（以 RCS-978 型变压器保护装置为例）：

（1）学生分成若干学习小组，各组根据 RCS-978 型变压器保护装置接线图，能够用保护测试仪进行试验接线。

（2）各组根据 RCS-978 型变压器保护装置使用说明书，能够对变压器差动保护定值进行修改，能够对保护压板进行正确投退。

（3）各组根据保护逻辑框图，按照保护装置检验报告要求，调试 RCS - 978 型变压器差动保护。

知识链接：

一、RCS - 978 型变压器稳态比率制动差动保护的动作方程及逻辑框图

由于变比和连接组的不同，电力变压器在运行时，各侧电流大小及相位也不同，在保护配置前必须消除这些影响。数字式变压器保护装置都是利用数字方法对变比与相移进行补偿。以下说明的前提均已消除变压器各侧幅值和相位的差异。

RCS - 978 型变压器保护装置采用了如下的稳态比率差动动作方程

$$
\begin{cases}
I_d > 0.2 I_r + I_{cdqd} & I_r < 0.5 I_e \\
I_d > K_{b1}(I_r - 0.5 I_e) + 0.1 I_e + I_{cdqd} & 0.5 I_e \leqslant I_r \leqslant 6 I_e \\
I_d > 0.75(I_r - 6 I_e) + K_{b1}(5.5 I_e) + 0.1 I_e + I_{cdqd} & I_r \geqslant 6 I_e \\
I_r = \dfrac{1}{2} \sum_{i=1}^{m} |I_i| \\
I_d = \left| \sum_{i=1}^{m} I_i \right|
\end{cases}
\tag{4-13}
$$

$$
\begin{cases}
I_d > 0.6(I_r - 0.8 I_e) + 1.2 I_e \\
I_r \geqslant 0.8 I_e
\end{cases}
\tag{4-14}
$$

式中　I_e——变压器额定电流；

I_{cdqd}——稳态比率差动启动定值；

I_d——差动电流；

I_r——制定电流；

K_{b1}——比率制动系数整定值（$0.2 \leqslant K_{b1} \leqslant 0.75$），推荐整定为 $K_{b1} = 0.5$。

稳态比率差动保护按相判别，满足以上条件动作。

式（4-13）所描述的比率差动保护经过 TA 饱和判别、TA 断线判别（可选择）、励磁涌流判别后出口。它可以保证灵敏度，同时由于 TA 饱和判据的引入，区外故障引起的 TA 饱和不会造成误动。

式（4-14）所描述的比率差动保护只经过 TA 断线判别（可选择）和励磁涌流判别即可出口。它利用其比率制动特性抗区外故障时 TA 的暂态和稳态饱和，而在区内故障 TA 饱和时能可靠正确动作。

当任一相差动电流大于差动速断整定值时瞬时动作跳开变压器各侧开关。

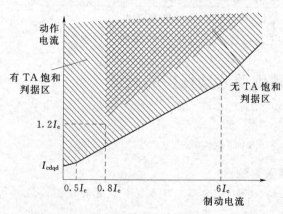

图 4-13　RCS - 978 型保护装置稳态比率差动
保护的动作特性

RCS-978 型采用的稳态比率差动动作特性如图 4-13 所示。

稳态比率差动的动作逻辑如图 4-14 所示。

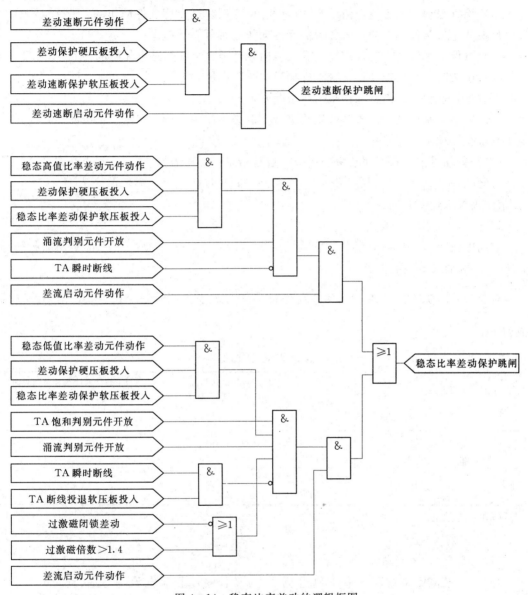

图 4-14 稳态比率差动的逻辑框图

二、RCS-978 型微机变压器差动保护装置检验报告

(一) 保护定值检验 (检验注意事项)

(1) 进行该项检验时,对于全检及新安装的检验,应按照保护整定通知单上的整定项目,对保护的每一功能元件进行逐一检查。

(2) 部分检验时,对于由不同原理构成的保护元件只需任选一段进行检查,如相间 Ⅰ、Ⅱ、Ⅲ 段阻抗保护只需选取任一整定项目进行检查。

(3) 要求检查当动作量为整定值的 1.05～1.1 倍（反映过定值条件动作的）或 0.9～0.95 倍（反映低定值条件动作的）时各保护元件动作是否可靠动作。

(4) 检查当动作量为整定值的 0.9～0.95 倍（反映过定值条件动作的）或 1.05～1.1 倍（反映低定值条件动作的）时各保护元件动作是否可靠不动作。

(5) 若保护元件带方向，需要检验反方向元件最大可能短路电流时的性能。

(6) 检验时，从保护屏端子排上施加模拟故障电压和电流。

(7) 进行检验时，需将保护跳闸压板断开。

(8) 整组实验可结合保护定值检验进行，但必须使用外接表计测量整组动作时间，并要求测量至保护出口连接片。

（二）差动保护（投入差动保护压板，检验结果：正确的打"√"，不正确的打"×"）

Ⅰ侧 I_e＝＿＿＿ A；Ⅱ侧 I_e＝＿＿＿ A；Ⅲ侧 I_e＝＿＿＿ A；Ⅳ侧 I_e＝＿＿＿ A。（定值中仅投入比率差动保护。）

1. 启动电流校验（表 4-2）

启动电流 I_{cdqd}＝$0.3I_e$，动作方程为 $I_d>0.2I_r+I_{cdqd}$，条件 $I_r<0.5I_e$，Y 侧加相间电流 I_{ab}，△侧加入单相电流 I_a。

对于 Y 侧，$I_{ab}>0.30I_e$，比率差动保护动作。对于△侧，$\dfrac{I_a}{\sqrt{3}}>0.30I_e$，比率差动保护动作。

表 4-2 启动电流校验表

项目	通入电流/A	差电流 I_e	信号灯及保护动作情况	外接表计测量动作时间
Ⅰ侧			"跳闸"灯亮；比率差动保护； 动作时间：	
Ⅱ侧			"跳闸"灯亮；比率差动保护； 动作时间：	
Ⅲ侧			"跳闸"灯亮；比率差动保护； 动作时间：	

检验结果：＿＿＿

2. 比率制动校验

(1) 两侧法比率制动。

1) Ⅰ、Ⅱ侧比率制动（取Ⅰ侧电流 I_1 为动作量，Ⅱ侧电流 I_2 为制动量）K_{b1}＝＿＿＿，动作方程

$$I_d>0.2I_r+I_{cdqd} \qquad\qquad I_r\leqslant0.5I_e$$
$$I_d>K_{b1}(I_r-0.5I_e)+0.1I_e+I_{cdqd} \qquad 0.5I_e\leqslant I_r\leqslant6I_e$$
$$I_d>0.75(I_r-6I_e)+K_{b1}(5.5I_e)+0.1I_e+I_{cdqd} \qquad I_r>6I_e$$

Ⅰ、Ⅱ侧电流夹角方向相反，差动电流 $I_d=I_1-I_2$，制动电流 $I_r=\dfrac{I_1+I_2}{2}$（$I_1>I_2$）。

Ⅰ侧 I_e＝＿＿＿ A；Ⅱ侧 I_e＝＿＿＿ A；Ⅲ侧 I_e＝＿＿＿ A；Ⅳ侧 I_e＝＿＿＿ A。见表 4-3。

表 4 - 3　　　　　　　　　Ⅱ侧电流为制动量时数据记录表

I_1		I_2		$I_r(I_e)$	$I_d(I_e)$
实际值 I_A	额定值 I_e	实际值 I_A	额定值 I_e		

检验结果：_____

2）Ⅰ、Ⅲ侧比率制动（取Ⅰ侧电流 I_1 为动作量，Ⅲ侧电流 I_2 为制动量）$K_{bl}=0.5$。高压侧加 AB 相间电流，低压侧加 A 相电流，这样低压侧电流经过△/Y 变换，角度在软件中已经校正，但是在转换过程中除以$\sqrt{3}$，所以在△侧应该加入的电流为$\sqrt{3}I_a$。Ⅰ、Ⅲ侧电流方向相反，差动电流 $I_d=I_1-I_2$，制动电流 $I_r=\dfrac{I_1+I_2}{2}$（$I_1>I_2$）。

Ⅰ侧 $I_e=$_____ A；Ⅱ侧 $I_e=$_____ A；Ⅲ侧 $I_e=$_____ A；Ⅳ侧 $I_e=$_____ A。

Ⅲ侧电流为制动量时数据记录表见表 4 - 4。

表 4 - 4　　　　　　　　　Ⅲ侧电流为制动量时数据记录表

I_1		I_2		$I_r(I_e)$	$I_d(I_e)$
实际值 I_A	额定值 I_e	实际值 I_A	额定值 I_e		

检验结果：_____

（2）单侧法比率制动。在任意一侧加入电流 I_e，查看装置中"保护状态/保护板状态/计算差电流"项中的"制动 X 相"，通过记录"制动 X 相"，$\dfrac{I_e}{2}$ 即可描绘出比例差动制动曲线，检验与整定是否相符即可。

Ⅰ侧 $I_e=$_____ A；Ⅱ侧 $I_e=$_____ A；Ⅲ侧 $I_e=$_____ A；Ⅳ侧 $I_e=$_____ A。

Ⅰ侧、Ⅱ侧、Ⅲ侧数据记录表见表 4 - 5～表 4 - 7。

表 4 - 5　　　　　　　　　Ⅰ 侧 数 据 记 录 表

序号	电流 $I_e/2$ 标幺值	制动 X 相标幺值
1		
2		
3		
4		
5		
6		
7		
8		

表 4 - 6　　　　　　　　　　　　　Ⅱ 侧 数 据 记 录 表

序号	电流 $I_e/2$ 标幺值	制动 X 相标幺值
1		
2		
3		
4		
5		
6		
7		
8		

表 4 - 7　　　　　　　　　　　　　Ⅲ 侧 数 据 记 录 表

序号	电流 $I_e/2$ 标幺值	制动 X 相标幺值
1		
2		
3		
4		
5		
6		
7		
8		

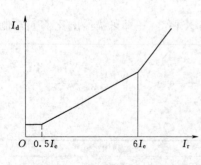

图 4 - 15　试验数据所作曲线

根据试验所得的数据可以作出近似图 4 - 15 所示的曲线。

（3）谐波制动校验。从电流回路加入基波电流分量，使差动保护可靠动作（此电流不可过小，因小值时基波电流本身误差会偏大）。再分别叠加二、三次谐波电流分量，从大于定值减小到使差动保护动作。最好单侧单相叠加，因多相叠加时不同相中的二、三次谐波会相互影响，不易确定差流中的二、三次谐波含量。

二次谐波制动系数设定为：＿＿＿＿；三次谐波制动系数设定为：＿＿＿＿；

试验中校验出：二次谐波制动系数为：＿＿＿＿；

三次谐波制动系数为：＿＿＿＿。

检验结果：＿＿＿＿。

84

（三）工频变化量差动保护（定值中只投入工频变化量差动）

定值中仅投入工频变化量差动保护，$\Delta I_d = |\Delta I_1 - \Delta I_2|$，$\Delta I_r = |\Delta I_1| + |\Delta I_2|$，其中 I_1、I_2 分别为 Ⅰ、Ⅱ 侧同相电流，夹角为 $180°$。工频变化量比率制动：工频变化量差动启动门槛 $I_{dth} = 0.3I_e$，动作方程为

$$\Delta I_d > 1.25\Delta I_{dt} + I_{dth}$$

式中　ΔI_{dt}——浮动门槛。

动作方程为

$$\Delta I_d > 0.6\Delta I_r (\Delta I_r \leqslant 2I_e)$$

$$\Delta I_d > 0.75\Delta I_r - 0.3I_e (\Delta I_r > 2I_e)$$

工频变化量差动保护数据记录表见表 4-8。

表 4-8　　　　　　　　　　　工频变化量差动保护数据记录表

项目	通入电流/A	差电流 I_e	信号灯及保护动作情况	外接表计测量动作时间
Ⅰ 侧			"跳闸"灯亮；比率差动保护； 动作时间：	
Ⅱ 侧			"跳闸"灯亮；比率差动保护； 动作时间：	
Ⅲ 侧			"跳闸"灯亮；比率差动保护； 动作时间：	

检验结果：_____

（四）差动速断保护（定值中仅投入差动速断）

加各侧电流，满足差动调整后电流大于差动速断电流定值（差动速断电流定值设为 $2I_e$），差动速断保护应动作。差动速断保护数据记录表见表 4-9。

表 4-9　　　　　　　　　　　差动速断保护数据记录表

项目	通入电流/A	差电流 I_e	信号灯及保护动作情况	外接表计测量动作时间
Ⅰ 侧			"跳闸"灯亮；比率差动保护； 动作时间：	
Ⅱ 侧			"跳闸"灯亮；比率差动保护； 动作时间：	
Ⅲ 侧			"跳闸"灯亮；比率差动保护； 动作时间：	

检验结果：_____

（五）零序比率差动保护（定值中只投入零序比率差动）

投入零序比率差动保护压板，在变压器主保护菜单中将"零序比率差动保护"控制字设为"1"。

启动电流校验：

启动电流 $I_{0cdqd}=0.5$，$K_{0b1}=0.5$。

动作方程为

$$I_{od}>I_{0cdqd}(I_{0r}\leqslant 0.5I_n)$$
$$I_{od}>K_{0b1}(I_{0r}-0.5I_n)+I_{0cdqd}(I_{0r}>0.5I_n)$$

此时零序比率差动保护动作。零序比率差动保护数据记录表见表 4-10。

表 4-10　　　　　　　　　　零序比率差动保护数据记录表

故障加入侧	通入电流/A	差电流 I_e/A	信号灯及保护动作情况	外接表计测量动作时间
Ⅰ 侧			"跳闸"灯亮；比率差动保护； 动作时间：ms	
Ⅱ 侧			"跳闸"灯亮；比率差动保护； 动作时间：ms	
公共绕组侧			"跳闸"灯亮；比率差动保护； 动作时间：ms	

检验结果：_____

（六）输出接点检查

退出保护跳闸压板，在任一侧加电流，所加电流应大于差动保护动作电流，监视以下接点由断开变为闭合。输出接点根据实际装置填写，输出接点检查表见表 4-11。

表 4-11　　　　　　　　　　输 出 接 点 检 查 表

项　目	输　出　接　点	检查结果
跳闸输出端子		
中央信号输出端子		
遥信输出端子		

任务五　瓦斯保护的配置

任务提出：

　　如果变压器内部发生短路故障，如星形接线中绕组尾部的相间短路故障、绕组很少的匝间短路故障，以及绕组的开焊故障，变压器差动保护和电流速断保护能够反映吗？应该采取什么措施消除故障影响？

任务实施：

　　（1）学生分组观察瓦斯继电器的结构，能够指出瓦斯继电器各组成部分及其作用。

　　（2）各组根据瓦斯保护的原理接线图，说明重瓦斯、轻瓦斯保护的动作原理。

知识链接：

一、瓦斯保护综述

1. 瓦斯保护

当在变压器油箱内部发生故障（包括轻微的匝间短路、匝间短路和绝缘破坏引起的经电弧电阻的接地短路）时，由于故障点电流和电弧的作用，将使变压器油及其他绝缘材料因局部受热而分解产生气体，因气体比较轻，它们将从油箱流向油枕的上部。当故障严重时，油会迅速膨胀并产生大量的气体，此时将有剧烈的气体夹杂油流冲向油枕的上部。利用油箱内部故障时的这一特点，可以构成反应于上述气体而动作的保护装置，称为瓦斯保护。

2. 气体继电器（亦称瓦斯继电器）

气体继电器是构成瓦斯保护的主要元件，它安装在油箱与油枕之间的连接管道上，这样油箱内产生的气体必须通过气体继电器才能流向油枕。为了不妨碍气体的流通，变压器安装时应使顶盖沿气体继电器的方向与水平面具有 $1\%\sim1.5\%$ 的升高坡度，通往继电器的连接管具有 $2\%\sim4\%$ 的升高坡度。气体继电器安装位置如图 4-16 所示。

FJ3-80 型开口杯挡板式气体继电器的内部结构如图 4-17 所示。正常运行时，上、下开口杯 2 和 1 都浸在油中，开口杯和附件在油内的重力所产生的力矩小于平衡锤 4 所产生的力矩，因此开口杯向上倾斜，干簧触点 3 断开。

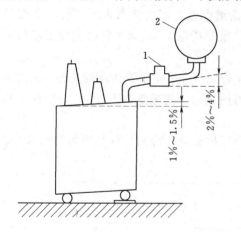

图 4-16　气体继电器安装示意图

1—气体继电器；2—油枕

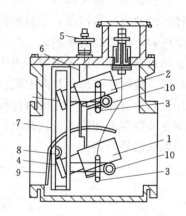

图 4-17　FJ3-80 型气体继电器的结构图

1—下开口杯；2—上开口杯；3—干簧触点；4—平衡锤；
5—放气阀；6—探针；7—支架；8—挡板；
9—进油挡板；10—永久磁铁

3. 变压器配置瓦斯保护原则

应装设瓦斯保护的变压器容量界限是 800kVA 及以上的油浸式变压器和 400kVA 及以上的车间内油浸式变压器，带负荷调压的油浸式变压器的调压装置也应装设瓦斯保护。

当变压器壳内故障产生轻微瓦斯或油面下降时，应瞬时动作于信号；当壳内故障产生大量瓦斯时，应瞬时动作于断开变压器各侧断路器。

气体保护应采取措施，防止因气体继电器的引线故障、震动等引起气体保护误动作。

二、瓦斯保护原理分析

1. 轻瓦斯保护

当变压器油箱内部发生轻微故障时，少量的气上升后逐渐聚集在气体继电器的上部，迫使油面下降，使上开口杯露出油面。此时由于浮力的减小，开口杯和附件在空气中的重力加上杯内油重所产生的力矩大于平衡锤 4 所产生的力矩，于是上开口杯 2 顺时针方向转动，带动永久磁铁 10 靠近干簧触点 3，使触点闭合，发出"轻瓦斯保护动作"信号。

2. 重瓦斯保护

当变压器油箱内部发生严重故障时，大量气体和油流直接冲击挡板 8，使下开口杯 1 顺时针方向旋转，带动永久磁铁靠近下部干簧触点 3 使之闭合，发出跳闸脉冲，断开变压器各侧断路器，并发出"重瓦斯保护动作"信号。或者，当变压器出现严重漏油而使油面逐渐降低时，首先上开口杯露出油面，发出"轻瓦斯保护动作"报警信号，然后下开口杯露出油面后动作，发出跳闸脉冲，断开变压器各侧断路器，并发出"重瓦斯保护动作"信号。

因此，瓦斯保护分为轻瓦斯保护和重瓦斯保护两种。轻瓦斯保护作用于信号，重瓦斯保护作用于切除变压器。

3. 瓦斯保护的原理接线

瓦斯保护的原理接线如图 4-18 所示。瓦斯继电器上面的接点表示"轻瓦斯保护"，动作后经延时发出报警信号。下面的接点表示"重瓦斯保护"，动作后启动变压器保护的总出口继电器，使继路器跳闸。

当油箱内部发生严重故障时，由于油流的不稳定可能造成干簧接点的抖动，此时为使断路器能可靠跳闸，应选用具有电流自保持线圈的出口中间继电器 KHO，动作后由断路器的辅助接点来解除出口回路的自保持。

为防止变压器换油或进行试验时引起重瓦斯保护误动作跳闸，可利用切换片 XS 将跳闸回路切换到信号回路。

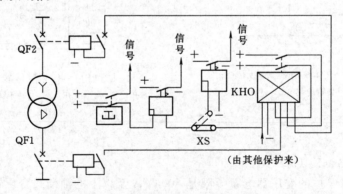

图 4-18　瓦斯保护原理接线图

三、瓦斯保护定值整定

1. 轻瓦斯保护定值整定

轻瓦斯保护定值采用气体容积表示，通常气体容积的整定范围为 $250\sim300\text{cm}^3$。对于容量在 10MVA 以上变压器多采用 250cm^3。气体容积的调整可以通过改变开口杯另一侧重锤的位置来实现。

2. 重瓦斯保护定值整定

重瓦斯保护定值采用油流流速表示。该流速定值与变压器的容量、油管路的直径及变压器冷却方式有关，应按照规程进行整定，一般油流流速整定范围在 0.6~1.5m/s，该流速是指导油流管中油流的速度。通常情况下，对大容量强迫油循环冷却的变压器，油的流速整定为 1.1~1.2m/s，而对于容量小且非强迫油循环冷却的变压器，油的流速整定为 0.8~0.9m/s。QJ1-80 型气体继电器进行油流流速的调整时，可先松动调节螺杆 14，再改变弹簧 9 的长度，一般整定在 1m/s 左右。

💡 **想一想**：在变压器换油时，为何要退出重瓦斯保护呢？

思考题：

（1）如果二次回路中把重瓦斯和轻瓦斯的保护触点接错，对系统有什么影响？

（2）瓦斯保护能反映变压器油箱外部的故障吗？

（3）变压器瓦斯保护和纵差动保护（或电流速断保护）如何配合？

任务六　变压器相间短路后备保护的配置

任务提出：

根据图 4-19，在变压器主保护范围内或相邻线路发生相间短路故障时，配置合适的变压器相间短路后备保护。

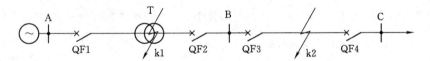

图 4-19　电力系统图

任务实施：

（1）分组讨论，根据图 4-19 选出合适的变压器相间短路后备保护，说明保护的配置原则。

（2）画出保护的原理接线图。

知识链接：

一、变压器相间短路后备保护的配置原则

变压器相间短路的后备保护既是变压器主保护的后备保护，又是相邻母线或线路的后备保护。对于外部相间短路引起的变压器过电流，根据变压器容量的大小、地位及性能和系统短路电流的大小，应采用下列保护作为后备保护：

（1）过电流保护。过电流保护一般用于降压变压器，保护装置的整定值应考虑事故状态下可能出现的过负荷电流。

（2）复合电压启动的过电流保护。复合电压启动的过电流保护一般用于升压变压器、系统联络变压器及过电流保护灵敏度不满足要求的降压变压器。

（3）负序电流及单相式低电压启动的过电流保护。负序电流及单相式低电压启动的过电流保护一般用于容量为 63MVA 及以上的升压变压器。

（4）阻抗保护。对于升压变压器和系统联络变压器，当采用 2、3 两种保护不能满足灵敏性和选择性要求时，可采用阻抗保护，原理同线路保护。

二、变压器相间短路后备保护的工作原理

1. 过电流保护的工作原理

变压器过电流保护的单相原理接线如图 4-20 所示。

保护的动作电流 I_{act} 按躲过变压器的最大负荷电流 $I_{L.max}$ 整定。

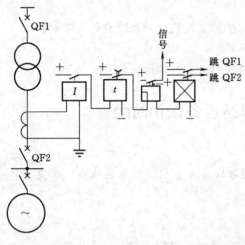

图 4-20 变压器过电流保护的单相原理接线图

$$I_{act} = \frac{K_{rel}}{K_{re}} I_{L.max} \qquad (4-15)$$

式中 K_{rel}——可靠系数，一般取 1.2～1.3；

K_{re}——返回系数，取 0.85。

变压器的最大负荷电流 $I_{L.max}$ 应按下列情况考虑：

（1）对并联运行的变压器，应考虑切除一台变压器后的负荷电流。当各台变压器的容量相同时，可按下式计算

$$I_{L.max} = \frac{n}{n-1} I_{N.T} \qquad (4-16)$$

式中 n——并联运行变压器的最少台数；

$I_{N.T}$——每台变压器的额定电流。

（2）对降压变压器，应考虑负荷中电动机自启动时的最大电流，即

$$I_{L.max} = K_{Ms} I_{N.T} \qquad (4-17)$$

式中 K_{Ms}——自启动系数，其值与负荷性质及用户与电源间的电气距离有关；对 110kV 降压变电站的 6～10kV 侧，取 $K_{Ms} = 1.5～2.5$；35kV 侧，取 $K_{Ms} = 1.5～2.0$。

保护的灵敏系数按下式校验

$$K_{sen} = \frac{I_{k.min}^{(2)}}{I_{act}} \qquad (4-18)$$

式中 $I_{k.min}^{(2)}$——灵敏系数校验点最小两相短路电流；

K_{sen}——作为近后备保护，取变压器低压侧母线为校验点，要求 $K_{sen} = 1.5～2.0$；

作为远后备保护，取相邻线路末端为校验点，要求 $K_{sen} \geq 1.2$。

保护的动作时限应比相邻元件保护的最大动作时限大一个阶梯时限 Δt。

变压器过电流保护延时动作后断开变压器两侧断路器 QF1 和 QF2。但是，按照以上条件选择的启动电流，其电流动作值一般比较大，往往不能满足作为相邻元件后备保护的要求。为此需要采取以下几种提高灵敏度的措施低电压启动的过电流保护、复合电压启动的过电流保护和负序过电流保护。

2. 低电压启动的过电流保护的工作原理

低电压启动过电流保护的原理接线如图4-21所示。

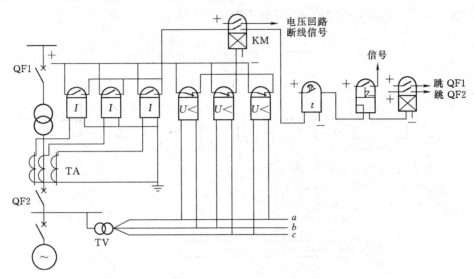

图4-21 低电压启动过电流保护的原理接线图

保护的启动元件包括电流元件和低电压元件。只有当电流元件和低电压元件同时动作后，才能延时启动出口回路动作于跳闸。

低电压元件的作用是保证在上述一台变压器突然切除或电动机自启动时不动作，因而电流元件的动作电流不再考虑可能出现的最大负荷电流，而是按躲过变压器的额定电流整定，即

$$I_{act} = \frac{K_{rel}}{K_{re}} I_{N.T}$$
(4-19)

其动作电流比过电流保护的启动电流小，提高了保护的灵敏性。

低电压元件的动作电压 U_{act} 可按躲过正常运行时最低工作电压整定。一般取 $U_{act} = 0.7U_{N.T}$（$U_{N.T}$ 为变压器的额定电压）。

电流元件的灵敏系数按式（4-18）校验，电压元件的灵敏系数按下式校验

$$K_{sen} = \frac{U_{act}}{U_{k.max}}$$
(4-20)

式中 $U_{k.max}$——最大运行方式下，灵敏系数校验点短路时保护安装处的最大电压。

对升压变压器，如低电压元件只接在某一侧电压互感器上，则当另一侧短路故障时，灵敏度往往不能满足要求。为此，可采用两套低电压元件分别接在变压器高、低压侧的电压互感器上，并将其触点并联，以提高灵敏度。

为防止电压互感器二次回路断线后保护误动作，设置了电压回路断线的信号装置，以便及时发出信号，由运行人员加以处理。在图4-20中，当任一低电压继电器动作后，即启动中间继电器KM，它闭合两对常开接点，一对用以和电流继电器配合组成低电压启动的过电流保护，另一对去中央信号装置，带延时发出"电压回路断线信号"。

由于这种接线比较复杂，所以近年来多采用复合电压启动的过电流保护和负序电流

保护。

3. 复合电压启动的过电流保护的工作原理

复合电压启动的过电流保护原理接线如图 4-22 所示。

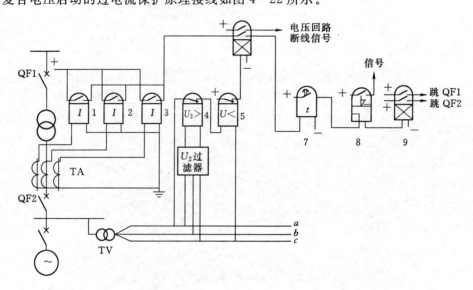

图 4-22 复合电压启动过电流保护的工作原理接线图

该保护由三部分组成：

(1) 电流元件。由接于相电流的继电器 1~3 组成。

(2) 电压元件。由反应不对称短路的负序电压继电器 4（内附有负序电压滤过器）和反应对称短路接于相间电压的低电压继电器 5 组成。

(3) 时间元件。由时间继电器 7 构成。

装置动作情况如下：

当发生不对称短路时，故障相电流继电器动作，同时负序电压继电器 4 动作，其动断触点断开，致使低电压继电器 5 失压，动断触点闭合，起动闭锁中间继电器 6。相电流继电器通过中间继电器 6 的常开触点启动时间继电器 7，经整定延时启动信号继电器 8 和出口继电器 9，断开变压器两侧断路器。

当发生对称短路时，由于短路初始瞬间也会出现短时的负序电压，负序电压继电器 4 也会动作，使低电压继电器 5 失去电压。当负序电压消失后，负序电压继电器 4 返回，动断触点闭合，此时加于低电压继电器 5 线圈上的电压已是对称短路时的低电压，低电压继电器 5 不至于返回，而且其返回电压是启动电压的 K_{re}（>1）倍，因此，电压元件的灵敏度可提高 K_{re} 倍。

分析可知，复合电压启动过电流保护在对称短路和不对称短路时都有较高的灵敏度。

保护装置中电流元件和低电压元件的整定原则与低电压过电流保护相同。负序电压继电器的动作电压 $U_{2.act}$ 按躲开正常运行情况下负序电压滤过器输出的最大不平衡电压整定。据运行经验，取

$$U_{2.act}=(0.06\sim0.12)U_{N.T} \tag{4-21}$$

与低电压启动的过电流保护比较，复合电压启动的过电流保护的优点有：

（1）由于负序电压继电器的整定值较小，因此对于不对称短路，其灵敏系数较高。

（2）对于对称短路，低电压继电器在负序电压触点断开后启动，负序电压消失后，低电压继电器接入线电压。此线电压只要能维持低电压继电器不返回，即可使保护动作。而低电压继电器的返回电压为其启动电压的 1.15～1.2（返回系数）倍，因此，电压元件的灵敏性可提高 1.15～1.2 倍。

（3）由于保护反应负序电压，因此对于变压器后的不对称短路，与变压器的接线方式无关。

由于上述优点且接线比较简单，因此，复合电压启动的过电流保护已代替低电压启动的过电流保护，得到广泛应用。

复合电压启动的过电流保护中电流继电器的灵敏系数与低电压启动的过电流保护的电流继电器相同，对于大容量变压器和发电机组，由于其额定电流很大，而在相邻元件末端两相短路时的短路电流小，可能保护的灵敏系数不满足要求，为此，可采用负序电流保护，以提高不对称短路的灵敏性。

4. 负序电流保护的工作原理

负序电流及单相低电压启动的过电流保护原理接线如图 4-23 所示。

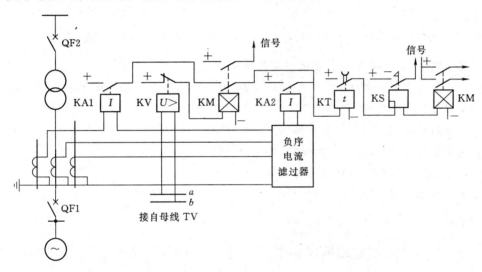

图 4-23 负序电流及单相低电压启动过电流保护的原理接线图

它是由负序电流滤过器和电流继电器 KA2 组成负序电路保护，反应不对称短路，由电流继电器 KA1 和低电压继电器组成低压启动的过电流保护反应对称短路。

负序电流继电器的一次动作电流按以下条件选择：

（1）躲开变压器正常运行时负序电流滤过器出口的最大不平衡电流。其值为 $(0.1～0.2)I_{N}$。

（2）躲开线路一相断线时引起的负序电流。

（3）与相邻元件负序电流保护在灵敏度上相配合。

由于整定计算较复杂，在实际工程中可以粗略选取

$$I_{2.\,act} = (0.5 \sim 0.6) I_N \qquad (4-22)$$

若灵敏度不够，再做详细的配合计算。

灵敏度校验为

$$K_{sen} = \frac{I_{k.\,2.\,min}}{I_{2.\,act}} \qquad (4-23)$$

负序电流保护的灵敏度较高，接线也比较简单，但整定计算比较复杂，通常用于63MVA 及以上的升压变压器。

想一想： 变压器相间短路后备保护各有何特点？

思考题：

（1）为什么说复合电压启动过电流保护具有较高的灵敏度？复合电压指的是什么电压？

（2）简述负序电流及单相低电压启动过流保护的工作原理。

任务七　微机型变压器复合电压闭锁（方向）过流保护的调试

任务提出：

按照微机型变压器保护装置检验报告要求，调试复合电压闭锁（方向）过流保护。

任务实施（以 RCS - 978 型变压器保护装置为例）：

（1）学生分成若干学习小组，各组根据 RCS - 978 型变压器保护装置接线图，能够用保护测试仪进行试验接线。

（2）各组根据 RCS - 978 型变压器保护装置使用说明书，能够对复合电压闭锁（方向）过流保护定值进行修改，能够对保护压板进行正确投退。

（3）各组根据保护逻辑框图，按照保护装置检验报告要求，调试 RCS - 978 型变压器复合电压闭锁（方向）过流保护。

知识链接：

一、RCS - 978 型变压器保护装置复合电压闭锁（方向）过流保护的动作逻辑分析

过流保护主要作为变压器相间故障的后备保护。通过整定控制字可选择各段过流是否经过复合电压闭锁，是否经过方向闭锁，是否投入，跳哪几侧开关。

1. 方向元件

方向元件采用正序电压并带有记忆，近处三相短路时方向元件无死区。接线方式为0°接线方式。接入装置的 TA 正极性端应在母线侧。装置后备保护分别设有控制字"过流方向指向"来控制过流保护各段的方向指向。当"过流方向指向"控制字为"1"时，表示方向指向变压器，灵敏角为 45°；当"过流方向指向"控制字为"0"时，方向指向系统，灵敏角为 225°。方向元件的动作特性如图 4 - 24 所示，阴影区为动作区。同时装置分

别设有控制字"过流经方向闭锁"来控制过流保护各段是否经方向闭锁。当"过流经方向闭锁"控制字为"1"时，表示本段过流保护经过方向闭锁。

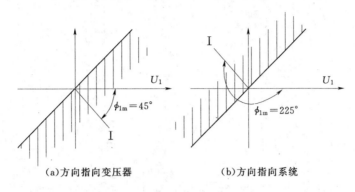

图 4-24 相间方向元件动作特性

2. 复合电压元件

复合电压指低电压和负序电压。对于变压器某侧复合电压元件可通过整定控制字选择是否引入其他侧的电压作为闭锁电压，例如对于Ⅰ侧后备保护，装置分别设有控制字，如"过流保护经Ⅱ侧复压闭锁"等，来控制过流保护是否经其Ⅱ侧复合电压闭锁；当"过流保护经Ⅱ侧复压闭锁"控制字整定为"1"时，表示Ⅰ侧复压闭锁过流可经过Ⅱ侧复合电压启动；当"过流保护经Ⅱ侧复压闭锁"控制字整定为"0"时，表示Ⅰ侧复压闭锁过流不经过Ⅱ侧复合电压启动。各段过流保护均有"过流经复压闭锁"控制字，当"过流经复压闭锁"控制字为"1"时，表示本段过流保护经复合电压闭锁。

3. TV 异常对复合电压元件、方向元件的影响

装置设有整定控制字"TV 断线保护投退原则"来控制 TV 断线时方向元件和复合电压元件的动作行为。若"TV 断线保护投退原则"控制字为"1"，当判断出本侧 TV 异常时，方向元件和本侧复合电压元件不满足条件，但本侧过流保护可经其他侧复合电压闭锁（过流保护经过其他侧复合电压闭锁投入情况）；若"TV 断线保护投退原则"控制字为"0"，当判断出本侧 TV 异常时，方向元件和复合电压元件都满足条件，这样复合电压闭锁方向过流保护就变为纯过流保护；不论"TV 断线保护投退原则"控制字为"0"或"1"，都不会使本侧复合电压元件启动其他侧复压过流。

4. 本侧电压退出对复合电压元件、方向元件的影响

当本侧 TV 检修或旁路代路未切换 TV 时，为保证本侧复合电压闭锁方向过流的正确动作，需投入"本侧电压退出"压板或整定控制字，此时它对复合电压元件、方向元件有如下影响：

（1）本侧复合电压元件不启动，但可由其他侧复合电压元件启动（过流保护经过其他侧复合电压闭锁投入情况）。

（2）本侧方向元件输出为正方向即满足条件。

（3）不会使本侧复合电压元件启动其他侧过流元件（其他侧过流保护经过本侧复合电压闭锁投入情况）。

复合电压闭锁方向过流逻辑框图如图 4-25 所示。

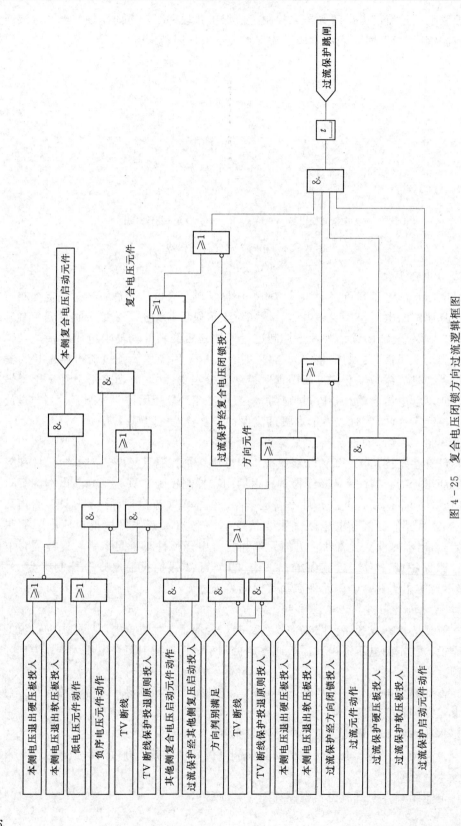

图 4 - 25 复合电压闭锁方向过流逻辑框图

二、变压器复合电压闭锁方向过流保护检验报告

（1）进入变压器保护定值单中的I侧后备保护定值单，将"过流I段电流定值"设为_____A；"过流I段第一时限"设为_____s；"过流I段第一时限控制字"设为_____。"过流I段第二时限"设为_____s；"过流I段第二时限控制字"设为_____，见表4-12。

表4-12　　　　　　　　　　　　　　I侧后备保护记录表

通入故障量	故障相别	保护动作情况	检查结果
0.95倍的I_{SET}，$I=$_____A 瞬时故障	AB	启动	
1.05倍的I_{SET}，$I=$_____A 瞬时故障	BC	过流I段第一时限动作，$T=$_____ms； 过流I段第二时限动作，$T=$_____ms	
1.2倍的I_{SET}，$I=$_____A 瞬时故障	CA	过流I段第一时限动作，$T=$_____ms； 过流I段第二时限动作，$T=$_____ms	
1.2倍的I_{SET}，$I=$_____A 瞬时反向故障	AB	启动	

接点检查（保护出口后，所监视的接点由断开变为闭合，输出接点根据实际装置填写），见表4-13。

表4-13　　　　　　　　　　　　　　接点检查记录表

端　　子	输　出　接　点	检查结果
跳闸输出端子		
中央信号输出端子		
遥信输出端子		

检验结果：_____

（2）进入变压器保护定值单中的II侧后备保护定值单，将"过流I段电流定值"设为_____A；"过流I段第一时限"设为_____s；"过流I段第一时限控制字"设为_____。"过流I段第二时限"设为_____s；"过流I段第二时限控制字"设为_____，见表4-14。

表4-14　　　　　　　　　　　　　　II侧后备保护记录表

通入故障量	故障相别	保护动作情况	检查结果
0.95倍的I_{SET}，$I=$_____A 瞬时故障	AB	启动	
1.05倍的I_{SET}，$I=$_____A 瞬时故障	BC	过流I段第一时限动作，$T=$_____ms； 过流I段第二时限动作，$T=$_____ms	
1.2倍的I_{SET}，$I=$_____A 瞬时故障	CA	过流I段第一时限动作，$T=$_____ms； 过流I段第二时限动作，$T=$_____ms	
1.2倍的I_{SET}，$I=$_____A 瞬时反向故障	AB	启动	

接点检查（保护出口后，所监视的接点由断开变为闭合，输出接点根据实际装置填写），见表 4 - 15。

表 4 - 15　　　　　　　　　　　　接 点 检 查 记 录 表

端　　子	输　出　接　点	检查结果
跳闸输出端子		
中央信号输出端子		
遥信输出端子		

检验结果：＿＿＿＿＿＿

（3）（略）进入变压器保护定值单中的Ⅲ侧后备保护定值单，将"过流Ⅰ段电流定值"设为＿＿＿＿＿＿ A；"过流Ⅰ段第一时限"设为＿＿＿＿＿＿ s；"过流Ⅰ段第一时限控制字"设为＿＿＿＿＿＿。"过流Ⅰ段第二时限"设为＿＿＿＿＿＿ s；"过流Ⅰ段第二时限控制字"设为＿＿＿＿＿＿。

（4）相间方向元件动作特性。加入单相电流 I_A 大于 1.5 倍 I_{SET}，单相电压 $U_A=15V$，改变电压与电流的角度测量动作区，检测得动作区如图 4 - 26 所示（方向指向变压器）：$-38°<\Phi<140°$，方向灵敏角为 51°。

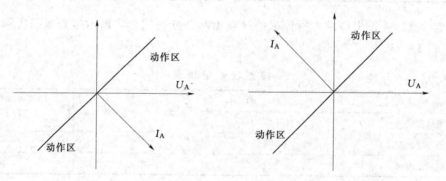

图 4 - 26　方向指向变压器的动作区　　　　图 4 - 27　方向指向系统的动作区

方向指向系统。加入单相电流 I_A 大于 1.5 倍 I_{SET}，单相电压 $U_A=15V$，改变电压与电流的角度测量动作区，检测得动作区如图 4 - 27 所示（方向指向系统）：$145°<\Phi<323°$，方向灵敏角为 234°。

（5）复合电压闭锁方向过流保护经Ⅱ侧（或Ⅲ侧）复压闭锁功能检验（保护能正确动作的打√，不能正确动作的打×）。

1）修改Ⅰ侧后备保护中的复压闭锁负序相电压和复压闭锁相间低电压，使Ⅰ侧复合电压元件不动作。投入Ⅱ侧（或Ⅲ侧）后备保护。

当Ⅱ侧（或Ⅲ侧）电压正常时，模拟Ⅰ侧相间故障，保护不动作。证明Ⅰ侧过流保护已被Ⅱ侧（或Ⅲ侧）后备保护中的复合电压元件闭锁。

检验结果：＿＿＿＿＿＿

当Ⅰ与Ⅱ侧（或Ⅲ侧）同时模拟相间故障时（Ⅱ、Ⅲ侧只通入故障相电压），Ⅰ侧过流保护动作。证明Ⅰ侧过流保护经Ⅱ侧（或Ⅲ侧）复合电压元件启动动作。

检验结果：＿＿＿＿＿＿

当Ⅱ（或Ⅲ侧）侧出现 TV 断线或异常信号时，再次模拟上述过程时，Ⅰ侧后备保护不动作。证明Ⅱ侧（或Ⅲ侧）出现 TV 断线或异常时，不启动其他侧的过流保护。

检验结果：_____

2）Ⅰ侧后备保护中的复压闭锁负序相电压和复压闭锁相间低电压恢复正常，在Ⅰ侧后备保护定值单中将"本侧电压退出"控制字置为"1"，或投入"高压侧电压退出"压板；投入Ⅱ侧（或Ⅲ侧）后备保护。

当Ⅱ侧（或Ⅲ侧）电压正常时，模拟Ⅰ侧相间故障，保护不动作。证明Ⅰ侧电压退出时，Ⅰ侧过流保护中的复合电压元件不满足，Ⅰ侧过流保护已被Ⅱ侧（或Ⅲ侧）复合电压元件闭锁。

检验结果：_____

当Ⅰ、Ⅱ侧同时模拟相间故障时（Ⅱ侧只通入故障相电压），Ⅰ侧过流保护动作。证明Ⅰ侧过流保护经Ⅱ侧（或Ⅲ侧）复合电压元件启动动作。

检验结果：_____

（6）TV 断线或异常对复合电压闭锁方向过流的影响（保护能正确动作的打√，不能正确动作的打×）。

1）将"TV 断线保护投退原则"控制字置"1"（此时本侧复合电压元件、方向元件都将被闭锁）。退出Ⅰ侧任一相电压，待装置报"Ⅰ侧 TV 异常"，且报警灯亮。在Ⅰ、Ⅱ侧同时模拟相间故障时（Ⅱ侧只通入故障相电压），保护不动作。证明单凭Ⅱ侧复合电压元件无法使Ⅰ侧复合电压过流保护动作。此时须将过流保护经方向闭锁元件退出，Ⅰ、Ⅱ侧同时模拟相间故障时（Ⅱ侧只通入故障相电压），Ⅰ侧相间过流保护才可经Ⅱ侧复合电压元件启动动作。

检验结果：_____

2）将"TV 断线保护投退原则"控制字置"0"（此时本侧复合电压元件、方向元件都满足条件，复合电压闭锁方向过流保护就变为纯过流保护）。让过流保护经复合电压元件和方向元件闭锁，待装置发"Ⅰ侧 TV 异常"报警后，在Ⅰ侧模拟正向、反向故障，保护都能动作。证明此时复合电压闭锁方向过流保护已变为纯过流保护。

检验结果：_____

（7）本侧电压退出对复合电压闭锁方向过流保护的影响（保护能正确动作的打√，不能正确动作的打×）。

1）将"本侧电压退出"控制字置"1"或投入"退出Ⅰ侧电压"压板。Ⅰ、Ⅱ侧同时模拟相间故障时（Ⅱ侧只通入故障相电压），在过流保护的动作区内、区外，保护都能动作。证明将"本侧电压退出"控制字置"1"或投入"退出Ⅰ侧电压"压板后，Ⅰ侧过流保护的方向元件满足，Ⅰ侧的复合电压元件虽不满足，但可由其他侧复合电压元件启动。

检验结果：_____

2）投入Ⅰ、Ⅱ侧的本侧电压退出软、硬压板，Ⅰ、Ⅱ侧同时模拟相间故障，保护不动作。证明投入本侧电压退出软、硬压板后，不会使本侧复合电压元件启动其他侧复合电压元件。

检验结果：_____

👽 **想一想**：变压器复合电压闭锁方向过流保护，方向元件指向变压器和指向系统的作用是什么？

任务八　变压器接地故障后备保护的配置

任务提出：

根据图4-28，在变压器主保护范围内或相邻线路发生接地故障时，配置合适的变压器接地故障后备保护。

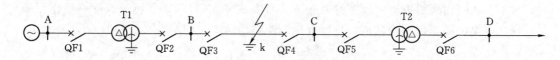

图4-28　电力系统图

任务实施：

（1）分组讨论，根据图4-28选出合适的变压器接地故障后备保护，说明保护的配置原则。

（2）画出保护的原理接线图。

知识链接：

一、变压器接地故障后备保护配置

在大接地电流系统中，接地故障的几率较大，因此大接地电流电网中的变压器，应装设接地故障（零序）保护，作为变压器主保护的后备保护及相邻元件接地故障的后备保护。

大接地系统发生单相或两相短路接地短路时，零序电流的分布和大小与系统中变压器中性点接地的数目和位置有关。通常，对只有一台变压器的升压变电站，变压器采用中性点直接接地的运行方式。对有若干台变压器并联运行的变电站，则采用一部分变压器中性点接地运行的方式，以保证在各种运行方式下，变压器中性点接地的数目和位置尽量维持不变，从而保证零序保护有稳定的保护范围和足够的灵敏度。

110kV以上变压器中性点是否接地运行，还与变压器中性点绝缘水平有关。对于220kV及以上的大型电力变压器，高压绕组一般采用分级绝缘，其中中性点有两种类型：①绝缘水平低，例如500kV系统中性点绝缘水平为38kV，这种变压器中性点必须直接接地运行，不允许将中性点接地回路断开；②绝缘水平高，例如220kV变压器的中性点绝缘水平为110kV，其中性点可直接接地，也可在系统中不失去接地点的情况下不接地运行，当系统发生单相短路时，不接地运行的变压器应能够承受加到中性点与地之间的电压。因此，采用这种变压器，可以安排一部分变压器接地运行，另一部分变压器不接地运行，从而可把电力系统中接地故障的短路容量和零序电流水平限制在合理的范围内，同时也是为了满足接地保护本身的需要。因此变压器零序保护的方式与变压器中性点的绝缘水平和接地方式有关，应分别予以考虑。

对中性点直接接地电网内，由外部接地短路引起过电流时，如变压器中性点接地运行，装设零序电流保护。对自耦变压器和高、中压侧中性点都直接接地的三绕组变压器，当有选择性要求时，增设零序方向元件。

当电网中部分变压器中性点接地运行，为防止发生接地短路时，中性点接地的变压器跳开后，中性点不接地的变压器（低压侧有电源）仍带接地故障继续运行，根据具体情况，装设专用的保护装置，如零序过压保护、中性点装放电间隙零序电流保护等。

二、变压器接地故障后备保护分析

1. 中性点直接接地运行变压器的零序电流保护

中性点直接接地运行的变压器接地短路后备保护应采用零序电流保护。保护原理接线图如图 4-29 所示。

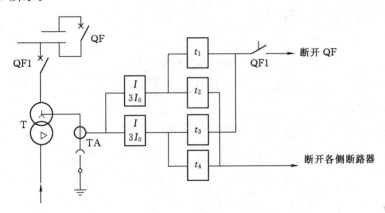

图 4-29　中性点直接接地运行变压器零序电流保护原理接线图

为了缩小接地故障的影响范围并提高后边保护动作的快速性和可靠性，一般配置两段式零序电流保护，每段还各带两级延时。

零序电流保护 I 段作为变压器及母线的接地故障后备保护，其动作电流和延时 t_1 应与相邻元件单相接地保护 I 段相配合，通常以较短延时 $t_2 = 0.5 \sim 1.0\text{s}$ 动作于母线解列，即断开母联断路器 QF 和分段断路器，以缩小故障影响范围；以较长的延时 $t_2 = t_1 + \Delta t$ 有选择地动作于断开变压器的高压侧断路器，由于母线专用保护有时退出运行，而母线及其附近发生短路故障时对电力系统影响比较大，所以装设零序电流保护 I 段，用以尽快切除母线及其附近的故障。

零序电流保护 II 段作为引出线接地故障的后备保护，其动作电流和延时 t_3 应与附近元件接地后备段配合。通常 t_3 应比相邻元件零序保护后备段最大延时一个 Δt，以断开母联断路器 QF 或分段断路器，保护以延时 $t_4 = t_3 + \Delta t$ 动作于断开变压器各侧断路器。

为防止变压器与系统并列之前在变压器高压侧发生单相接地而误将母线联络断路器断开，在零序电流保护动作于母线解列的出口回路中串入变压器高压侧断路器 QF1 的辅助触点。当断路器 QF1 断开时，QF1 的辅助接点将把该辅助接点所串入的出口回路——母线解列回路闭锁。

2. 中性点可能接地或不接地运行时变压器的零序电流保护

中性点直接接地系统发生接地短路时,零序电流的大小和分布与变压器中性点接地数目和位置有关。为了使零序保护有稳定的保护范围和足够灵敏度,在发电厂和变电站中,只将部分变压器中性点接地运行。因此,这些变压器的中性点,有时接地运行,有时不接地运行。

思考:如图 4-30 所示,根据运行要求,系统中变压器 T1 中性点直接接地运行,变压器 T2、T3 中性点不接地运行。在变压器相邻线路发生接地故障 k,线路接地保护拒动或动作缓慢,变压器保护应如何切除接地故障短路电流?

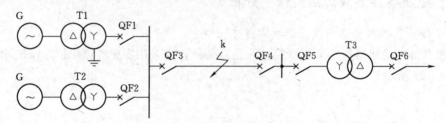

图 4-30 电力系统运行图

变压器中性点可接地可不接地零序保护的方式还与变压器中性点的绝缘水平有关,分以下两种情况进行保护分析。

(1) 全绝缘变压器。全绝缘变压器零序保护原理接线图如图 4-31 所示。

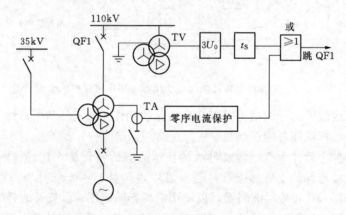

图 4-31 全绝缘变压器零序保护原理接线图

图 4-31 中除装设零序电流保护外,还装设零序电压保护作为变压器不接地运行时的保护。

由于全绝缘变压器绕组各处的绝缘水平相同,因此,在系统发生接地故障时,允许先断开中性点接地运行的变压器,后断开中性点不接地运行的变压器。因此,在图 4-30 中,如果接地故障 k 发生后,线路接地保护拒动或动作缓慢,中性点接地运行的变压器 T1 的零序电流保护先动作断开 QF1 断路器,然后中性点不接地运行的变压器 T2 和变压器 T3 的零序电压保护延时动作分别断开 QF2、QF5 断路器。

零序电压元件的动作电压应按躲过在部分变压器接地的电网中发生短路时保护安装处可能出现的最大电压整定。由于零序电压保护仅在系统中发生接地短路，且中性点接地的变压器已全部断开后才动作，因此保护的动作时限 t_s 不需与其他保护的动作时限相配合，为避开电网单相接地短路时暂态过程影响，一般取 $t_s = 0.3 \sim 0.5s$。

（2）分级绝缘变压器。分级绝缘变压器零序保护原理接线图如图 4-32 所示。图 4-32 中配置了零序电流保护、零序电压保护以及放电间隙零序电流保护。

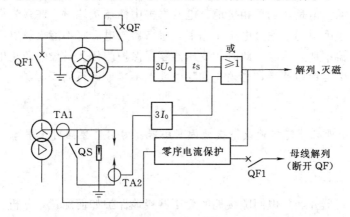

图 4-32　分级绝缘变压器零序保护原理接线图

分级绝缘变压器中性点有较高的绝缘水平时，中性点可直接接地运行，也可在系统不失去中性点接地的情况下不接地运行。对于中性点可能接地或不接地运行的变压器，其中性点接地的形式可采用如图 4-32 所示的形式。变压器高压侧中性点与地之间有接地隔离开关 QS、放电间隙或同时装设避雷器和放电间隙。其中，放电间隙的设置目的是当发生冲击电压和工频过电压时用来保护变压器中性点的绝缘。但是放电间隙一般是一种比较粗糙的设施，气象条件、调整的精细程度以及连续放电的次数等都对其动作电压有影响，可能会出现不能动作的情况。此外，一旦间隙放电，还应避免放电时间过长。

因此，变压器装设了上述中性点直接接地运行的变压器零序电流保护外，还增设了一套反应间隙放电电流的零序电流保护和一套零序电压保护，作为变压器中性点不接地运行时的保护。其中零序电压保护作为间隙放电零序电流保护的后备，保证放电间隙零序电流保护拒动时能够及时切除变压器，防止间隙长时间放电，影响系统的稳定。

如图 4-30 所示系统中，当发生一点接地故障 k 时，线路接地保护拒动或动作缓慢，中性点直接接地运行的变压器 T1 由其零序电流保护先动作断开 QF1 断路器。若高压母线上已没有中性点接地运行的变压器，而故障仍然存在时，中性点电位升高，发生过电压而导致放电间隙击穿，此时中性点不接地运行的变压器 T2 和变压器 T3 将由反应间隙放电电流的零序电流保护瞬时动作分别断开 QF2、QF5 断路器。如果中性点过电压值不足以使放电间隙击穿，则可由零序电压保护带 $0.3 \sim 0.5s$ 的延时将中性点不接地运行的变压器切除。

可见，具有中性点放电间隙的变压器接地故障零序电压、零序电流后备保护，首先应切除中性点接地的变压器，然后根据故障实际情况再切除中性点不接地变压器。当系统没有中性点接地时，依靠放电间隙保护变压器的中性点绝缘，十分简单方便。但是应当注意的是，放电间隙的击穿电压受很多因素影响，动作特性可能不稳定，如果放电间隙拒动，变压器完全靠零序过电压保护，后者有 0.5s 左右延时，因此变压器中性点可能在 0.5s 期间承受内部过电压，对于间歇性弧光接地故障，此内部过电压值可达到相电压的 3～3.5 倍，可能损坏变压器绝缘。

若变压器中性点只装设避雷器，不装设放电间隙，对于冲击过电压，用避雷器可保护变压器中性点绝缘。但是，当单相接地且电网失去中性点接地时，在弧光接地或断路器非周期跳、合闸等原因引起工频过电压作用下，避雷器放电后将不能灭弧以至自身难保，因而不能保证变压器中性点绝缘。此时，变压器零序保护的任务是设法防止电网失去接地的中性点，即当发生接地短路后，必须先切除中性点不接地运行的变压器，后切除中性点接地运行的变压器。

想一想：对中性点可能接地或不接地的变压器，为何需要同时采用零序电流保护和零序电压保护？

思考题：

中性点有避雷器并经放电间隙接地的变压器接地保护如何配置？分析在不同方式下保护的配置及保护之间的配合方式。

任务九　微机型变压器零序方向过流保护的调试

任务提出：

按照微机型变压器保护装置检验报告要求，调试零序方向过流保护。

任务实施（以 RCS - 978 型变压器保护装置为例）：

（1）学生分成若干学习小组，各组根据 RCS - 978 型变压器保护装置使用说明书，能够对零序方向过流保护定值进行修改，能够对保护压板进行正确投退。

（2）各组根据保护逻辑框图，按照保护装置检验报告要求，调试 RCS - 978 型变压器零序方向过流保护。

知识链接：

一、微机型零序方向过流保护分析

零序方向过流保护主要作为变压器中性点接地运行时接地故障的后备保护。对于大型三绕组变压器，零序电流保护可采用三段，其中Ⅰ段、Ⅱ段带方向，Ⅲ段不带方向兼作总后备作用。每段一般设置两级延时，以较短的延时缩小故障影响的范围或跳本侧断路器，以较长的延时切除变压器。微机型保护装置通过整定控制字可控制各段零序过流是否经方向闭锁、是否经零序电压闭锁、是否经谐波闭锁（为防止涌流时零序电流保护误动，零序电流Ⅱ段也可经谐波闭锁，零序Ⅰ段一般不经谐波闭锁）、是否投入以及跳哪几侧开关。

变压器零序过流保护的逻辑框图如图 4 - 33 所示。

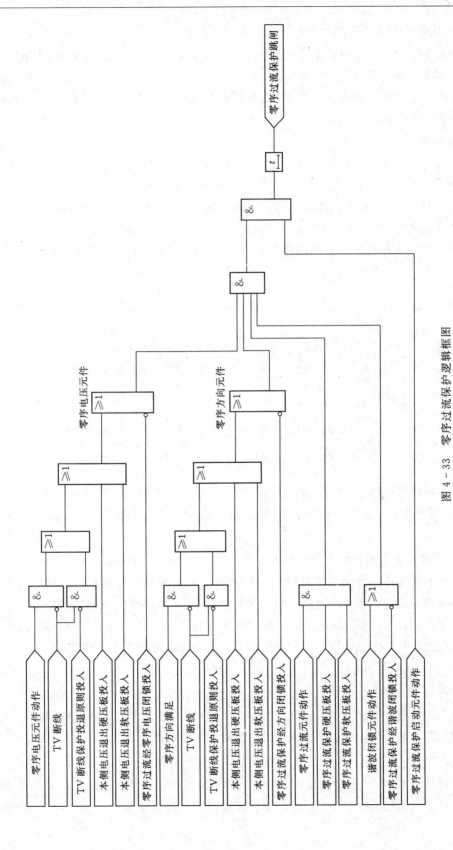

图 4 - 33 零序过流保护逻辑框图

1. 方向元件所采用的零序电流

装置设有"零序方向判别用自产零序电流"控制字来选择方向元件所采用的零序电流。若"零序方向判别用自产零序电流"控制字为"1"，方向元件所采用的零序电流是自产零序电流；若"零序方向判别用自产零序电流"控制字为"0"，方向元件所采用的零序电流为外接零序电流。

2. 方向元件指向

装置设有"零序方向指向"控制字来控制零序过流各段的方向指向。当"零序方向指向"控制字为"1"时，方向指向变压器，方向灵敏角为255°；当"零序方向指向"控制字为"0"时，方向指向系统，方向灵敏角为75°。方向元件的动作特性如图4-34所示。同时装置分别设有"零序过流经方向闭锁"控制字来控制零序过流各段是否经方向闭锁。当"零序过流经方向闭锁"控制字为"1"时，本段零序过流保护经过方向闭锁。

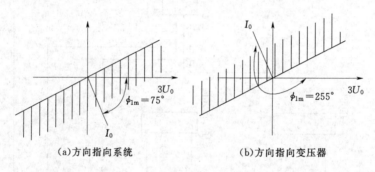

(a)方向指向系统   (b)方向指向变压器

图4-34 零序方向元件动作特性

方向元件所用零序电压固定为自产零序电压。以上所指的方向均是零序电流外接套管TA或自产零序电流TA的正极性端在母线侧（变压器中性点的零序电流TA的正极性端在变压器侧）。

3. 零序过流Ⅰ段和Ⅱ段所采用的零序电流

装置设有"零序过流用自产零序电流"控制字来选择零序过流各段所采用的零序电流。若"零序过流用自产零序电流"控制字为"1"时，本段零序过流所采用的零序电流为自产零序电流；若"零序过流用自产零序电流"控制字为"0"时，本段零序过流所采用的零序电流是外接零序电流。值得注意的是，零序过流Ⅲ段固定为外接零序电流。

4. 零序电压闭锁元件

装置设有"零序过流经零序电压闭锁"控制字来控制零序过流各段是否经零序电压闭锁。当"零序过流经零序电压闭锁"控制字为"1"时，表示本段零序过流保护经过零序电压闭锁。零序电压闭锁所用零序电压固定为自产零序电压。

5. TV异常对零序电压闭锁元件、零序方向元件的影响

装置设有"TV断线保护投退原则"控制字来控制TV断线时零序方向元件和零序电压闭锁元件的动作行为。若"TV断线保护投退原则"控制字为"1"时，当装置判断出

本侧 TV 异常时，方向元件和零序电压闭锁元件不满足条件；若"TV 断线保护投退原则"控制字为"0"，当装置判断出本侧 TV 异常时，方向元件和零序电压闭锁元件都满足条件，零序电压闭锁零序方向过流保护就变为纯零序过流保护。

6. 本侧电压退出对零序电压闭锁零序方向过流的影响

当本侧 TV 检修或旁路代路未切换 TV 时，为保证本侧零序电压闭锁零序方向过流的正确动作，需投入"本侧电压退出"压板或整定控制字，此时它对零序电压闭锁零序方向过流有如下影响：①零序电压闭锁元件开放；②方向元件输出为正方向即满足条件。

7. 零序过流各段经谐波制动闭锁

为防止变压器和应涌流对零序过流保护的影响，装置设有谐波制动闭锁措施。当谐波含量超过一定比例时，闭锁零序过流保护。装置设有"零序过流经谐波制动闭锁"控制字来控制零序过流各段是否经谐波制动闭锁。当"零序过流经谐波制动闭锁"控制字为"1"时，表示本段零序过流经谐波制动闭锁。零序谐波闭锁所用电流固定为外接零序电流。

8. 间隙零序过流过压保护

装置设有一段两时限间隙零序过流保护和一段两时限零序过压保护作为变压器中性点经间隙接地运行时的接地故障后备保护。间隙零序过流保护、零序过压保护动作并展宽一定时间后计时。考虑到在间隙击穿过程中，零序过流和零序过压可能交替出现，装置设有"间隙保护方式"控制字。当"间隙保护方式"控制字为"1"时，零序过压和零序过流元件动作后相互保持，此时间隙保护的动作时间整定值和跳闸控制字的整定值均以间隙零序过流保护的整定值为准。一般"间隙保护方式"控制字整定为"0"。

9. 零序过压保护

由于 220kV 及以上变压器的低压侧常为不接地系统，装置设有一段零序过压保护作为变压器低压侧接地故障保护。

二、变压器零序过流保护装置检验报告

先在系统参数定值单中将 I 侧后备保护投入控制字整定为"1"。再进入变压器保护定值单中的 I 侧后备保护定值单，将零序过流各段经零序电压闭锁、零序过流各段过流经方向闭锁投入；过流各段的方向指向设为方向指向变压器。在 I 侧后备保护定值单中正确设定零序电压启动和零序电压闭锁定值的值，确保零序电压元件和零序方向元件在本侧后备保护安装处发生区内故障时能及时开放保护跳闸出口，将"投高压侧接地零序保护"压板投入。检验结果：正确的打"√"，不正确的打"×"。

1. 零序过流 I 段检验

零序过流 I 段电流定值：I_{SET}＝_____ A。方向灵敏角为_____°，指向变压器。进入变压器保护定值单中的 I 侧后备保护定值单，将"零序过流 I 段电流定值"设为_____ A；"零序过流 I 段第一时限"设为_____ s；"零序过流 I 段第一时限控制字"设为_____，见表 4－16。

表 4-16   实 验 记 录 表 1

通入故障量	故障相别	保护动作情况	检查结果
0.95 倍的 I_{SET}， $I=$ _____ A，瞬时故障	AO	启动	
1.05 倍的 I_{SET}， $I=$ _____ A，瞬时故障	BO	零序过流 I 段第一时限动作 $T=$ _____ ms	
1.2 倍的 I_{SET}， $I=$ _____ A，瞬时故障	CO	零序过流 I 段第一时限动作 $T=$ _____ ms	
1.2 倍的 I_{SET}， $I=$ _____ A，瞬时反向故障	AO	启动	

接点检查（保护出口后，所监视的接点由断开变为闭合，输出接点根据实际装置填写），见表 4-17。

表 4-17   接 点 检 查 记 录 表 1

端　　子	输　出　接　点	检查结果
跳闸输出端子		
中央信号输出端子		
遥信输出端子		

检验结果：_____

进入变压器保护定值单中的 I 侧后备保护定值单，将"零序过流 I 段电流定值"设为 ____ A；"零序过流 I 段第二时限"设为 ____ s；"零序过流 I 段第二时限控制字"设为 ____，见表 4-18。

表 4-18   实 验 记 录 表 2

通入故障量	故障相别	保护动作情况	检查结果
0.95 倍的 I_{SET}， $I=$ _____ A，瞬时故障	AO	启动	
1.05 倍的 I_{SET}， $I=$ _____ A，瞬时故障	BO	零序过流 I 段第二时限动作 $T=$ _____ ms	
1.2 倍的 I_{SET}， $I=$ _____ A，瞬时故障	CO	零序过流 I 段第二时限动作 $T=$ _____ ms	
1.2 倍的 I_{SET}， $I=$ _____ A，瞬时反向故障	AO	启动	

接点检查（保护出口后，所监视的接点由断开变为闭合，输出接点根据实际装置填写），见表 4-19。

表 4-19   接 点 检 查 记 录 表 2

端　　子	输　出　接　点	检查结果
跳闸输出端子		
中央信号输出端子		
遥信输出端子		

检验结果：_____

进入变压器保护定值单中的Ⅰ侧后备保护定值单，将"零序过流Ⅰ段电流定值"设为＿＿＿＿
A；"零序过流Ⅰ段第三时限"设为＿＿＿＿s；"零序过流Ⅰ段第三时限控制字"设为＿＿＿＿，实验
记录见表4－20。

接点检查（保护出口后，所监视的接点由断开变为闭合，输出接点根据实际装置填
写），接点检查记录见表4－20。

表4－20　　　　　　　　　　　实　验　记　录　表　3

通入故障量	故障相别	保护动作情况	检查结果
0.95 倍的 I_{SET}， $I=$＿＿＿＿ A，瞬时故障	AO	启动	
1.05 倍的 I_{SET}， $I=$＿＿＿＿ A，瞬时故障	BO	零序过流Ⅰ段第三时限动作 $T=$＿＿＿＿ ms	
1.2 倍的 I_{SET}， $I=$＿＿＿＿ A，瞬时故障	CO	零序过流Ⅰ段第三时限动作 $T=$＿＿＿＿ ms	
1.2 倍的 I_{SET}， $I=$＿＿＿＿ A，瞬时反向故障	AO	启动	

表4－21　　　　　　　　　　　接　点　检　查　记　录　表　3

端　子	输　出　接　点	检查结果
跳闸输出端子		
中央信号输出端子		
遥信输出端子		

检验结果：＿＿＿＿＿＿

2. 零序过流Ⅱ段检验

零序Ⅱ段电流定值：$I_{SET}=$＿＿＿＿＿ A。进入变压器保护定值单中的Ⅱ侧后备保护定值
单，将"零序过流Ⅱ段电流定值"设为＿＿＿＿＿ A；"零序过流Ⅱ段第一时限"设为＿＿＿＿＿
s；"零序过流Ⅱ段第一时限控制字"设为＿＿＿＿＿，见表4－22。

表4－22　　　　　　　　　　　实　验　记　录　表　4

通入故障量	故障相别	保护动作情况	检查结果
0.95 倍的 I_{SET}， $I=$＿＿＿＿ A，瞬时故障	AO	启动	
1.05 倍的 I_{SET}， $I=$＿＿＿＿ A，瞬时故障	BO	零序过流Ⅱ段第一时限动作 $T=$＿＿＿＿ ms	
1.2 倍的 I_{SET}， $I=$＿＿＿＿ A，瞬时故障	CO	零序过流Ⅱ段第一时限动作 $T=$＿＿＿＿ ms	
1.2 倍的 I_{SET}， $I=$＿＿＿＿ A，瞬时反向故障	AO	启动	

接点检查（保护出口后，所监视的接点由断开变为闭合，输出接点根据实际装置填
写），见表4－23。

进入变压器保护定值单中的Ⅱ侧后备保护定值单，将"零序过流Ⅱ段电流定值"设为
＿＿＿＿＿ A；"零序过流Ⅱ段第二时限"设为＿＿＿＿＿ s；"零序过流Ⅱ段第二时限控制字"设

为_____，见表4-24。

表 4-23　接 点 检 查 记 录 表 4

端　　子	输　出　接　点	检查结果
跳闸输出端子		
中央信号输出端子		
遥信输出端子		

检验结果：_____

表 4-24　实 验 记 录 表 5

通入故障量	故障相别	保护动作情况	检查结果
0.95 倍的 I_{SET}，$I=$_____A，瞬时故障	AO	启动	
1.05 倍的 I_{SET}，$I=$_____A，瞬时故障	BO	零序过流 II 段第二时限动作 $T=$_____ms	
1.2 倍的 I_{SET}，$I=$_____A，瞬时故障	CO	零序过流 II 段第二时限动作 $T=$_____ms	
1.2 倍的 I_{SET}，$I=$_____A，瞬时反向故障	AO	启动	

接点检查（保护出口后，所监视的接点由断开变为闭合，输出接点根据实际装置填写），见表4-25。

表 4-25　接 点 检 查 记 录 表 5

端　　子	输　出　接　点	检查结果
跳闸输出端子		
中央信号输出端子		
遥信输出端子		

检验结果：_____

3. 零序过流 III 段检验（略）

4. 零序方向元件动作特性（加入 TA 接线方式）

加入单相电流 I_A 大于 $1.5I_{SET}$，单相电压 $U_A=15V$，改变电压与电流的角度测量动作区，检测得动作区如图 4-35 所示（方向指向变压器）：$156°<\Phi<347°$（Φ 为 I_0 滞后 U_0），方向灵敏角为 247°。

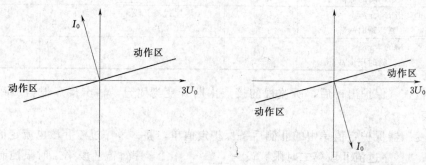

图 4-35　方向指向变压器动作区　　　图 4-36　方向指向系统动作区

加入单相电流 I_A 大于 $1.5I_{SET}$，单相电压 $U_A=15V$，改变电压与电流的角度测量动作区，检测得动作区如图 4-36 所示（方向指向系统）：$-19°<\Phi<161°$（Φ 为 I_0 滞后 U_0），方向灵敏角为 71°。

5. 零序过流保护检验（只投入Ⅰ侧接地零序保护，保护能正确动作的打√，不能正确动作的打×）

（1）修改Ⅰ侧后备保护中的零序电压闭锁定值，在零序方向元件动作区内模拟单相故障时的自产零序电压，低于此定值时零序过流保护不应动作，证明此时的零序过流保护已被零序电压闭锁元件闭锁。将零序电压调整至高于零序电压闭锁定值后，零序过流保护应能动作。

检验结果：_____

（2）将零序过流保护经方向闭锁投入，零序方向指向变压器，模拟正方向故障，灵敏角 225°，零序Ⅰ、Ⅱ段应该动作；模拟反方向故障，零序Ⅰ、Ⅱ段均不动作，证明零序Ⅰ、Ⅱ段已被方向元件闭锁。

检验结果：_____

（3）将"TV 断线保护投退原则"控制字置"1"（将零序过流保护经零序电压、方向闭锁投入），待装置报"Ⅰ侧 TV 异常"，"报警"灯亮。在Ⅰ模拟单相故障时，零序过流保护不动作。证明此时零序电压闭锁元件和方向闭锁元件都不开放保护出口。将"TV 断线保护投退原则"控制字置"0"，待装置报"Ⅰ侧 TV 异常"，"报警"灯亮。此时方向元件和零序电压闭锁元件都满足条件，零序电压闭锁零序方向过流保护就变为纯过流保护。Ⅰ侧模拟单相故障，零序过流保护动作。

检验结果：_____

（4）将"本侧电压退出"控制字置"1"或投入"退出Ⅰ侧电压"压板（将零序过流保护经零序电压、方向闭锁投入）。将零序电压调整至低于零序电压闭锁定值，Ⅰ侧模拟正向、反向故障时，零序过流保护都能动作。证明将"本侧电压退出"控制字置"1"或投入"退出Ⅰ侧电压"压板后，零序过流保护的方向元件和零序电压闭锁元件满足条件。

检验结果：_____

想一想：变压器零序电流保护与放电间隙零序电流保护是否可以共用 TA？为什么？

任务十　变压器保护的配置

任务实施：

（1）学生分组讨论，指出变压器运行中会出现哪些故障和不正常运行方式。

（2）各组能够给变压器配置合适的主保护和后备保护。

知识链接：

变压器是电力系统重要的主设备之一。在发电厂中通过升压变压器将发电机电压升高，由输电线路将发电机发出的电能送至电力系统中；在变电站中通过降压变压器再将电能送至配电网络，然后分配给用户。在发电厂或变电站，通过变压器将两个不同电压等级的系统联起来，称为联络变压器。

一、变压器的故障及不正常运行方式

1. 变压器的故障

以故障点的位置分类，变压器故障分为油箱内故障和油箱外故障。

（1）油箱内故障。变压器油箱内故障主要有各侧相间短路、大电流系统侧的单相接地短路及同相部分绕组之间的匝间短路。这些故障对于变压器来说都十分危险。

（2）油箱外故障。变压器油箱外故障指变压器绕组引出端绝缘套管及引出短线上的故障。主要有相间短路（两相短路及三相短路）故障、大电流侧的接地故障以及低压侧的接地故障。

2. 变压器的不正常运行方式

大型超高压变压器的不正常运行方式主要有：由于系统故障或其他原因引起的过负荷或过电流、由于系统电压的升高或频率的降低引起的过电压及过激磁、不接地运行变压器中性点电位升高、变压器油箱油位异常、变压器温度过高及冷却器全停等情况。

二、变压器保护配置原则

变压器故障将给供电可靠性和系统的正常运行带来严重影响，同时大容量电力变压器本身也十分贵重。因此，要根据变压器的故障及不正常运行方式，以及变压器的容量和重要程度来考虑装设性能良好、工作可靠的继电保护装置。

1. 瓦斯保护

容量在0.8MVA及以上的油浸式变压器和户内0.4MVA及以上的变压器应装设瓦斯保护。不仅变压器本体有瓦斯保护，有载调压部分同样设有瓦斯保护。

瓦斯保护用来反映变压器的内部故障和漏油造成的油面降低，同时也能反映绕组的开焊故障。即使是匝数很少的短路故障，瓦斯保护同样能可靠反应。

瓦斯保护分为重瓦斯保护和轻瓦斯保护。一般重瓦斯保护动作于跳闸，轻瓦斯保护动作于信号。当变压器内部发生短路故障时，电弧分解油产生的气体在流向油枕的途中冲击气体继电器，使重瓦斯保护动作于跳闸。当变压器由于漏油等造成油面降低时，轻瓦斯保护动作于信号。由于瓦斯保护反映于油箱内部故障所产生的气流（或油流）或漏油而动作，所以应注意出口继电器的触点抖动，动作后应有自保持措施。

2. 变压器差动保护和电流速断保护

对变压器绕组、套管及引出线上的故障，应根据容量的不同，装设差动保护或电流速断保护。

差动保护适用于：并列运行的变压器，容量为6300kVA以上时；单独运行的变压器，容量为10000kVA以上时；发电厂厂用工作变压器和工业企业中的重要变压器，容量为6300kVA以上时。

电流速断保护适用于：10000kVA以下的变压器，且其过电流保护的时限大于0.5s时。

对 2000kVA 以上的变压器，当电流速断保护的灵敏性不能满足要求时，也应装设差动保护。

对高压侧电压为 330kV 及以上的变压器，可装设双差动保护。

上述保护动作后，均应跳开变压器各电源侧的断路器。

3. 变压器相间短路后备保护

变压器相间短路的后备保护既是变压器主保护的后备保护，又是相邻母线或线路的后备保护。对于外部相间短路引起的变压器过电流，根据变压器容量的大小、地位及性能和系统短路电流的大小，应采用下列保护作为后备保护：

（1）过电流保护。一般用于降压变压器，保护装置的整定值应考虑事故状态下可能出现的过负荷电流。

（2）复合电压启动的过电流保护。一般用于升压变压器、系统联络变压器及过电流保护灵敏度不满足要求的降压变压器。

（3）负序电流及单相式低电压启动的过电流保护。一般用于容量为 63MVA 及以上的升压变压器。

（4）阻抗保护。对于升压变压器和系统联络变压器，当采用（2）、（3）两种保护不能满足灵敏性和选择性要求时，可采用阻抗保护，原理同线路保护。

4. 反映接地故障的后备保护

变压器中性点直接接地时，用零序电流（方向）保护作为变压器外部接地故障和中性点直接接地侧绕组、引出线接地故障的后备保护。

变压器中性点不接地时，可用零序电压保护、中性点的间隙零序电流保护作为变压器接地故障的后备保护。

5. 反应变压器对称过负荷的过负荷保护

对于 400kVA 及以上的变压器，当数台并列运行或单独运行并作为其他负荷的备用电源时，应根据可能过负荷的情况装设过负荷保护。对自耦变压器和多绕组变压器，保护装置应能反应公共绕组及各侧过负荷的情况。过负荷保护应接于一相电流上，带时限动作于信号。在无经常值班人员的变电所，必要时过负荷保护可动作于跳闸或断开部分负荷。

6. 过励磁保护

现代大型变压器的额定磁密近于饱和磁密，频率降低或电压升高时容易引起变压器过励磁，导致铁芯饱和，励磁电流剧增，铁芯温度上升，严重过热会使变压器绝缘劣化，寿命降低，最终造成变压器损坏。因此，高压侧为 500kV 的变压器宜装设过励磁保护。

7. 非电量保护

非电量保护包括变压器本体和有载调压部分的油温保护、变压器的压力释放保护、变压器带负荷后启动风冷的保护和过载闭锁带负荷调压的保护。

三、RCS-978E 型变压器保护装置的保护配置

RCS-978E 型变压器保护装置可提供一台变压器所需要的全部电量保护，主保护和

后备保护可共用同一个 TA。这些保护包括：稳态比率差动保护、差动速断保护、工频变化量比率差动保护、零序比率差动/分侧比率差动保护、复合电压闭锁方向过流保护、零序方向过流保护、零序过压保护以及间隙零序过流保护。后备保护可以根据需要灵活配置于各侧。

另外，装置还包括以下异常告警功能：过负荷报警、启动冷却器报警、过载闭锁有载调压报警、零序电压报警、公共绕组零序电流报警、差流异常报警、零序差流异常报警、差动回路 TA 断线报警、TA 异常报警和 TV 异常报警。

RCS-978E 型变压器保护装置适用于 220kV 系统，三圈或自耦变，低压侧双分支，8U 结构。其典型应用配置如图 4-37 所示。

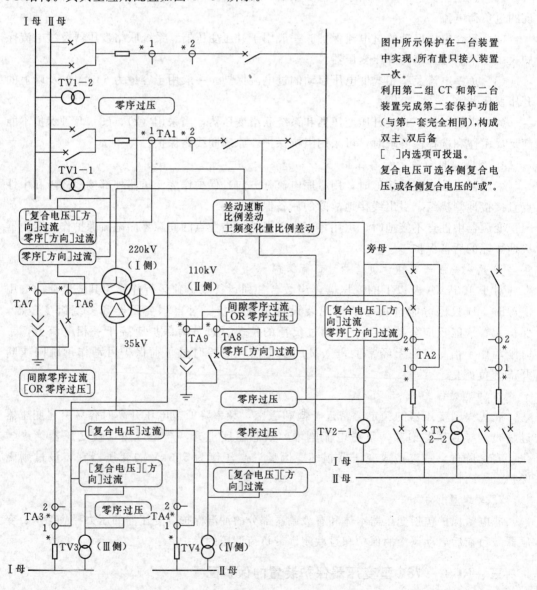

图 4-37　RCS-978E 型在三圈变压器中的典型应用配置

RCS-978E型保护配置情况见表4-26（＊表示为异常报警功能，下同）。

表4-26　　　　　　　　　　　　　　　RCS-978E型保护配置情况

保护位置	保护类型	段数	每段时限数	备注
主保护	差动速断	—	—	
	比例差动	—	—	
	工频变化量比例差动	—	—	
	零序/分侧比例差动	—	—	
高压侧（Ⅰ侧）	过流	3	2	Ⅰ—Ⅲ段可经复合电压闭锁，Ⅰ—Ⅱ段可经方向闭锁
	零序过流	3	2/Ⅰ，3/Ⅱ，2/Ⅲ	Ⅰ、Ⅱ段可经方向和二次谐波闭锁
	间隙零序过流	1	2	间隙零序过流、零序过压可以"或"方式出口
	零序过压	1	2	
	＊过负荷	2	1	
	＊启动冷却器	2	1	
	＊闭锁有载调压	1	1	
中压侧（Ⅱ侧）	过流	3	2	Ⅰ—Ⅲ段可经复合电压闭锁，Ⅰ—Ⅱ段可经方向闭锁
	零序过流	3	2/Ⅰ，3/Ⅱ，2/Ⅲ	Ⅰ、Ⅱ段可经方向和二次谐波闭锁
	间隙零序过流	1	2	间隙零序过流、零序过压可以"或"方式出口
	零序过压	1	2	
	＊过负荷	2	1	
	＊启动冷却器	2	1	
	＊闭锁有载调压	1	1	
低压侧（Ⅲ侧和Ⅳ侧）	过流	5	1	Ⅰ—Ⅴ段可经复合电压闭锁，Ⅰ—Ⅲ段可经方向闭锁
	零序过压	1	1	
	＊过负荷	1	1	
	＊零序过压	1	1	
低压绕组	过流	1	2	可经复合电压闭锁
	＊过负荷	1	1	
公共绕组	过流	1	1	
	零序过流	1	1	可经过二次谐波闭锁
	＊过负荷	1	1	
	＊启动冷却器	1	1	
	＊零序电流报警	1	1	

想一想：变压器可能出现哪些故障和不正常运行工作状态？应装设什么保护？

思考题：如果变压器已经配置差动保护，还需要配置瓦斯保护吗？为什么？

项目五　发电机保护的配置与调试

引言：

　　在电力系统中，同步发电机是最重要的电气设备之一，它的安全运行对电力系统的正常工作、用户的不间断供电、保证电能质量等方面都有极其重要的作用。但是，由于发电机是长期连续高速运转设备，它既要承受机械振动，又要承受大电流、高电压的冲击，而且长期在高温环境下运行，因而常常导致定子绕组和转子绕组绝缘的损坏。因此，同步发电机在运行中，定子绕组和转子励磁回路都有可能产生危险的故障和不正常的运行状态，针对这些故障和不正常运行状态就要配备相应有效的保护装置。

任务一　发电机保护的配置

任务提出：

　　（1）分析发电机在运行中可能出现的故障情况。

　　（2）分析发电机在运行中可能出现的不正常运行状态。

　　（3）配置发电机的保护。

任务实施：

　　（1）学生自主学习发电机在运行中可能出现的故障及不正常运行情况。

　　（2）小组回答老师提出的相关问题。

　　（3）老师利用多媒体、实物等教学手段简单小结。

知识链接：

一、发电机可能发生的故障及其相应的保护配置

　　为了使同步发电机能根据故障的情况有选择地、迅速地发出信号或将故障发电机从系统中切除，以保证发电机免受更为严重的损坏，减少对系统运行所产生的不良后果，使系统其余部分继续正常运行，在发电机上装设能反应各种故障的继电保护设备是十分必要的。

　　一般来说，发电机的内部故障主要是由定子绕组及转子绕组绝缘损坏而引起的，常见的故障有以下几种。

　　1. 发电机定子绕组相间短路

　　定子绕组相间短路会产生很大的短路电流，应装设纵联差动保护，这是发电机最重要的保护。

　　2. 发电机定子绕组匝间短路

　　定子绕组匝间短路会产生很大的环流，引起故障处温度升高，使绝缘老化，甚至击穿

绝缘发展为单相接地或相间短路,扩大发电机损坏范围。可以装设的保护有横联差动保护(简称横差保护)、反应转子回路二次谐波电流的匝间短路保护、纵向零序电压式匝间保护。

3. 发电机定子绕组单相接地

定子绕组单相接地是发电机易发生的一种故障。单相接地后,其电容电流流过故障点的定子铁芯,当此电流较大或持续时间较长时,会使铁芯局部熔化,给修复工作带来很大困难。因此,应装设能灵敏反映全部绕组任一点接地故障的100%定子绕组单相接地保护。

4. 发电机转子绕组一点接地和两点接地

转子绕组一点接地,由于没有构成通路,对发电机没有直接危害,但若再发生另一点接地,就造成两点接地,则转子绕组一部分被短接,不但会烧毁转子绕组,而且由于部分绕组短接会破坏磁路的对称性,造成磁动势不平衡而引起机组剧烈振动,产生严重后果。因此,应装设转子绕组一点接地保护和两点接地保护。

5. 发电机失磁

由于转子绕组断线、励磁网路故障或火磁开关误动等原因,将造成转子失磁,失磁故障不仅对发电机造成危害,而且对电力系统安全也会造成严重影响,因此应装设失磁保护。

二、发电机可能发生的不正常工作状态及其相应的保护配置

(1) 由于外部短路、非同期合闸以及系统振荡等原因引起的过电流,应装设过电流保护,作为外部短路和内部短路的后备保护。对于50MW及以上的发电机,应装设负序过电流保护。

(2) 由于负荷超过发电机额定值,或负序电流超过发电机长期允许值所造成的对称或不对称过负荷。针对对称过负荷,应装设只接于一相的过负荷保护;针对不对称过负荷,一般对50MW及以上发电机应装设负序过负荷保护。

(3) 发电机突然甩负荷引起过电压,特别是由于水轮发电机的调速系统惯性大,中间再热式大型汽轮发电机功频调节器的调节过程比较缓慢,在突然甩负荷时,转速急剧上升从而引起过电压。因此,在水轮发电机和大型汽轮发电机上应装设过电压保护。

(4) 当汽轮发电机主汽门突然关闭而发电机断路器未断开时,发电机变为从系统吸收无功而过渡到同步电动机运行状态,对汽轮发电机叶片特别是尾叶,可能导致过热而损坏。因此,应装设逆功率保护。

为了消除发电机故障,其保护动作跳开发电机断路器的同时,还应作用于自动灭磁开关,断开发电机励磁电流。

思考题:
(1) 为什么发电机保护必须每一种故障对应一种保护?
(2) 发电机保护动作跳闸后为什么还要跳开相应的灭磁开关?

任务二　发电机定子相间短路保护的整定与调试

任务提出:

(1) 对发电机纵联差动保护进行整定计算。

(2) 用微机保护测试仪测试比率制动式差动保护装置。

任务实施:

(1) 应用比率制动式纵差保护的原理学习发电机纵联差动保护的原理。

(2) 利用所给的参数进行保护的整定计算。

(3) 老师对学生的整定计算结果进行简单小结。

(4) 学生利用微机保护测试仪对发电机微机保护装置测取比率制动系数。

知识链接:

发电机定子绕组相间短路是发电机内部最严重的故障,要求装设快速动作的保护装置。当发电机中性点侧有分相引出线时,可装设纵差动保护作为发电机定子绕组及其引出线相间短路的主保护。

发电机纵联差动保护(又称发电机纵差保护或发电机差动保护)是发电机内部及引出线上短路故障的主保护,根据接入发电机中性点电流的份额(即接入全部中性点电流或只取一部分电流接入),可分为完全纵差保护和不完全纵差保护。完全纵差保护能反映发电机内部及引出线上的相间短路,但不能反映发电机内部匝间短路及分支开焊、对于大电流系统侧的单相接地短路故障,灵敏度不高。不完全纵差保护,适用于每相定子绕组为多分支的大型发电机,它除了能反映发电机相间短路故障,还能反映定子线棒开焊及分支匝间短路。

一、保护接线与构成原理

发电机定子相间故障由电流纵差保护作主保护,其基本原理是比较被保护发电机定子绕组两端电流的相位和大小。为此,在发电机中性点侧与靠近发电机输出断路器处各装一组型号、变比相同的电流互感器,其二次侧按环流法连接。项目四中变压器保护所讲差动保护理论及装置完全可用于发电机纵差保护,本项目主要讲述大容量机组微机差动保护原理。

发电机纵差保护,按比较发电机中性点 TA 与机端 TA 二次同名端相电流的大小及相位构成。以一相差动为例,并设两侧电流的正方向指向发电机内部,图 5-1 为发电机完全纵差保护的交流接入回路示意图;图 5-2 为发电机定子绕组每相二分支的不完全纵差保护的交流接入回路示意图。

二、完全差动保护动作值整定

1. 保护启动电流整定

对于中、小容量的发电机完全差动保护的整定原则按以下条件进行。

保护装置的启动电流按避开外部故障时的最大不平衡电流整定。此时,纵差继电器的启动电流应为

$$I_{act} \geqslant K_{rel} I_{unb.max} \tag{5-1}$$

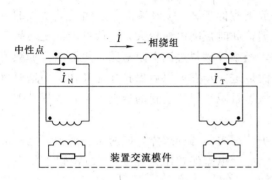

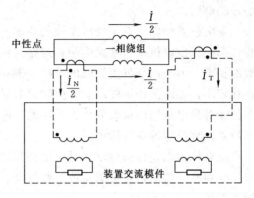

图 5-1　发电机完全纵差保护的　　　　图 5-2　发电机不完全纵差保护
交流接入回路示意图　　　　　　　　的交流接入回路示意图

根据对不平衡电流的分析，代入上式，则

$$I_{act} \geqslant 0.1 K_{rel} K_{aper} K_{ss} I_{k.max}/n_{TA} \tag{5-2}$$

式中　0.1——电流互感器 10% 误差；

　　$I_{k.max}$——外部短路时发电机提供的最大短路电流；

　　K_{aper}——非周期分量影响系数，当采用措施去掉非周期分量影响时 $K_{aper}=1$；

　　K_{ss}——电流互感器同型系数，当电流互感器型号相同时 $K_{ss}=0.5$；

　　K_{rel}——可靠系数一般取为 1.3；

　　n_{TA}——电流互感器变比。

对于汽轮发电机，其出口处发生三相短路的最大短路电流约为 $I_{k.max}=8I_{N.G}$（发电机额定电流），代入上式，则差动继电器的启动电流为

$$I_{k.act} \geqslant (0.5 \sim 0.6) I_{N.G}/n_{TA} \tag{5-3}$$

对于水轮发电机，由于电抗 X''_d 的数值比汽轮发电机大，其出口处发生三相短路的最大短路电流约为 $I_{k.max}=5I_{N.G}$，差动继电器的启动电流为

$$I_{k.act} \geqslant (0.3 \sim 0.4) I_{N.G}/n_{TA} \tag{5-4}$$

按避开不平衡电流条件整定的差动保护，在正常运行情况下发生电流互感器二次回路断线时，在负荷电流的作用下，差动保护就可能误动作，必须足够重视、严加防范，例如采用断线闭锁等措施。

2. 发电机差动保护灵敏度校验

发电机纵差保护的灵敏性以灵敏系数来衡量，其值为

$$K_{sen} = I_{k.min}/I_{act} \tag{5-5}$$

式中　$I_{k.min}$——发电机内部故障时流过保护装置的最小短路电流。

实际上短路电流应考虑下面两种情况：

（1）发电机与系统并列运行以前，在其出线端发生两相短路时，差动回路中只有由发电机供给的短路电流。

（2）发电机采用自同期并列运行时（此时发电机先不加励磁，因此，电动势 $E \approx 0$），

在系统最小运行方式下，发电机出线端发生两相短路，此时，差动回路中只有由系统供给的短路电流。

发电机差动保护对于灵敏系数的要求一般不应低于2。应该指出，上述灵敏系数的校验，都是以发电机出口处发生两相短路为依据，此时短路电流较大，一般都能满足灵敏系数的要求。但当内部发生轻微的故障，例如，经绝缘材料过渡电阻短路，短路电流的数值往往较小，差动保护不能启动，此时只有等故障进一步发展以后保护才能动作，而这时可能已经对发电机造成很大的危害。因此，应该尽量减小保护装置的启动电流，以提高差动保护对内部故障的反应能力。

发电机的纵差保护可以无延时地切除保护范围内的各种故障，同时又不反映发电机的过负荷和系统振荡，且灵敏系数一般较高。因此，纵差保护作为容量在1MW以上发电机的主保护。

为提高发电机差动保护的灵敏度，减小死区，目前普遍采取的措施为：对100MW及以上大容量发电机，一般采用具有制动特性的差动继电器，即利用外部故障时的穿越电流实现制动，可以保证发生区外故障时可靠地避开最大不平衡电流。动作值可只按躲过发电机正常运行时的不平衡电流来整定，提高了区内故障灵敏性。

三、发电机比率制动式差动保护的动作方程与动作特性

1. 动作方程

$$
\left.
\begin{aligned}
&I_d \geqslant I_{act0} &&I_{brk} < I_{brk0}\\
&I_d \geqslant K_{brk}(I_{brk} - I_{brk0}) + I_{act0} &&I_{brk} > I_{brk0}\\
&I_d \geqslant I_s
\end{aligned}
\right\}
\tag{5-6}
$$

完全纵差时　　　　　　　　　$I_d = |\dot{I}_T + \dot{I}_N|$　　　　　　　　　　　(5-7)

比率制动特性的完全纵差时　$I_{brk} = \dfrac{|\dot{I}_T - \dot{I}_N|}{2}$　　　　　　　　(5-8)

式中　I_d——动作电流（即差动电流）（电流的参考方向如图5-1所示）；

　　　K_{brk}——分支系数，发电机中性点全电流与流经不完全纵差TA一次电流之比，如果两组TA变比相同，则$K=2$；

　　　I_s——差动速断电流定值；

　　　I_{brk}——制动电流。

2. 动作特性

由式（5-6）作出发电机纵差保护动作特性，如图5-3所示。可以看出，上述各种类型的发电机纵差保护，其动作特性均由无制动部分和比率制动部分两部分组成。这种动作特性的优点是在区内故障电流小时具有较高的动作灵敏度；在区外故障时具有较强的躲过暂态不平衡差动电流的能力。

长期运行实践表明：只要正确整定保护的各定值，按图5-3所示的动作特性完全满足动作灵敏度及可靠性的要求。

3. 保护动作逻辑框图

发电机纵差保护的出口方式有单相出口方式及循环闭锁出口方式两种设置。当采用循

环闭锁出口方式时，为提高发电机内部及外部不同相同时接地故障（即两相接地短路）时保护动作的可靠性，采用负序电压解除循环闭锁（即改成单相出口方式）。对于单相出口方式，设置专门的 TA 断线判别，当差动电流大于解除 TA 断线闭锁差流倍数 $I_{\phi t}$ 时可解除 TA 断线判别功能。两种出口方式的逻辑框图，分别如图 5-4 和图 5-5 所示。

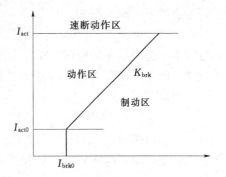

图 5-3　发电机纵差保护动作特性

在图 5-4 和图 5-5 中，I_{AT}，I_{BT}，I_{CT} 为发电机机端 TA 三相二次电流；I_{AN}，I_{BN}，I_{CN} 为发电机中性点 TA 三相二次电流；U_2 为机端 TV 二次负序电压；$I_{\phi t}$ 为断线闭锁电流，ϕ 分别为 A、B、C。括号内的数值用于不完全纵差保护。

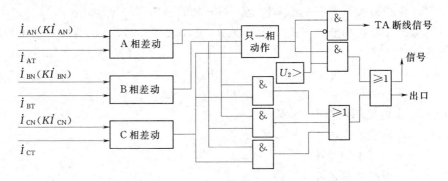

图 5-4　单相出口方式发电机纵差保护逻辑框图

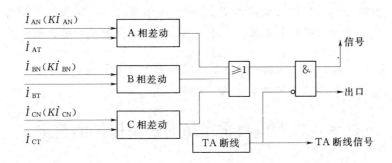

图 5-5　循环闭锁出口方式发电机纵差保护逻辑框图

发电机完全纵差保护推荐使用循环闭锁出口方式。发电机不完全纵差保护一般使用单相出口方式。对于 100MW 及以上的大容量发电机，我国目前均推荐采用有制动特性的差动继电器，即利用外部故障时的穿越电流实现制动，这样既能保证发生区外故障时可靠地避开最大不平衡电流的影响，又能达到提高区内故障灵敏性的目的。

4.比率制动式发电机纵差保护定值整定

（1）比率制动系数 K_{brk}。K_{brk} 应按躲过区外三相短路时产生的最大暂态不平衡差流来整定。通常，对发电机完全纵差保护，取 $K_{brk}=0.3\sim0.5$；对于不完全纵差保护，当两侧差动 TA 型号不同时，取 $K_{brk}=0.5$，以躲过区外故障因两侧 TA 暂态特性不同及转子偏心而造成的不平衡差流等。

（2）启动电流 I_{act0}。I_{act0} 按躲过正常工况下最大不平衡差流来整定。不平衡差流产生的原因主要是差动保护两侧 TA 的变比误差和保护装置中通道回路的调整误差。对于不完全纵差，则需考虑发电机每相各分支电流的不平衡。

一般取

$$I_{act0} = (0.2 \sim 0.3) I_{N.G} \tag{5-9}$$

（3）拐点制动电流 I_{brk0}。I_{brk0} 的大小决定了保护开始产生制动作用的电流大小，建议按躲过外部故障切除后暂态过程中产生的最大不平衡差流来整定，一般取 $I_{brk0} = (0.5 \sim 0.8) I_{N.G}$。

（4）负序电压 U_2。解除循环闭锁的负序电压（二次值）可取 $U_2 = 9 \sim 12V$。

（5）差动速断定值 I_S。发电机的差动速断的作用相当于差动高定值，应按躲过区外三相短路时产生的最大不平衡差流来整定，一般取 $I_S = (4 \sim 8) I_{N.G}$。

（6）解除 TA 断线功能差流 $I_{\phi t}$。通常取 $I_{\phi t} = (0.8 \sim 1.2) I_{N.G}$。其中，发电机额定电流 $I_{N.G}$ 可按下式计算

$$I_{N.G} = \frac{P_N}{\sqrt{3} U_{N.G} n_{TA} \cos\varphi} \tag{5-10}$$

式中　P_N——发电机额定功率，kW；

$\quad U_{N.G}$——发电机额定电压，kV；

$\quad n_{TA}$——差动 TA 的变比；

$\quad \cos\varphi$——发电机的额定功率因数。

（7）差动保护灵敏度校验。按有关技术规程，发电机纵差保护的灵敏度必须满足机端两相金属性短路时差动保护的灵敏系数 $K_{sen} \geqslant 2$。灵敏系数 K_{sen} 定义为机端两相金属性短路时，短路电流与差动保护动作电流之比值，K_{sen} 越大，保护动作越灵敏，可靠性越高。

 想一想： （1）比较发电机纵联差动保护与变压器纵联差动保护的异同。

（2）发电机比率制动式差动保护中的"比率"是什么意思？

任务三　发电机定子匝间短路保护的整定

任务提出：

（1）学习发电机横联差动保护的原理。

（2）对发电机横联差动保护进行整定计算。

任务实施：

（1）学生应用纵联差动保护的原理自主学习发电机横联差动保护的原理。

（2）小组回答老师提出的相关问题。

（3）老师利用多媒体、实物等教学手段简单小结。

知识链接：

容量较大的发电机每相都有两个或两个以上并联支路，定子绕组的匝间短路包括同相

同分支绕组匝间短路、同相不同分支间的匝间短路，其示
意图如图 5-6 所示。纵差保护不能反映定子绕组匝间短
路，因此在发电机（尤其是大型机组）上装设匝间短路保
护。发电机定子匝间短路保护可以有多种方案，应根据发
电厂一次设备接线情况进行选择。

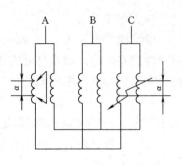

图 5-6　发电机定子
匝间短路示意图

一、横联差动保护（简称横差保护）

发电机横差保护是发电机定子绕组匝间短路（同分支
匝间短路及同相不同分支之间的匝间短路）和线棒开焊的
主保护，也能保护定子绕组相间短路。发电机横差保护有
单元件横差保护（又称高灵敏度横差保护）和裂相横差保护两种。

单元件横差保护适用于每相定子绕组为多分支，且有两个或两个以上中性点引出的发
电机。

1. 构成原理

发电机单元件横差保护的输入电流为发电机两个中性点连线上的 TA 二次电流。以定
子绕组每相两分支的发电机为例，其交流接入回路示意图如图 5-7 所示。

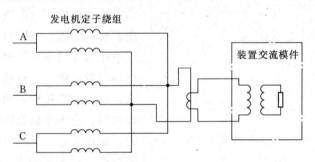

图 5-7　单元件横差保护交流接入回路示意图

其动作方程为

$$I_{hd} > I_{act} \tag{5-11}$$

式中　I_{hd}——发电机两中性点之间的基波电流（TA 二次值）；

　　　I_{act}——横差保护动作电流整定值。

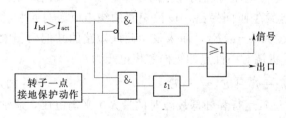

图 5-8　单元件横差保护逻辑框图

2. 逻辑框图

横差保护是发电机内部故障的主保
护，动作应无延时。但考虑到在发电机
转子绕组两点接地短路时发电机气隙磁
场畸变可能导致保护误动，因此在转子
一点接地后，使横差保护带一短延时动
作。单元件横差保护的逻辑框图如图 5-
8 所示。

3. 定值整定原则

（1）动作电流 I_{act}。在发电机单元件横差保护中，有专用滤过 3 次谐波的措施。因此，单元件横差保护的动作电流应按躲过系统内不对称短路或发电机失磁失步时转子偏心产生的最大不平衡电流来整定。

$$I_{act}=(0.3\sim0.4)I_{N.G} \tag{5-12}$$

式中 $I_{N.G}$——发电机二次额定电流。

（2）动作时间 t_1。单元件横差保护应与转子两点接地保护动作延时相配合。一般取 $t_1=0.5\sim1.0s$。

二、纵向零序电压式匝间短路保护

大容量的发电机，由于其结构紧凑，无法引出所有分支，往往中性点只有 3 个引出端子，无法装设横差保护。因此大型机组通常采用反应纵向零序电压的匝间短路保护。

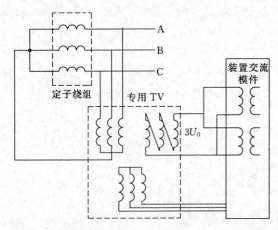

图 5-9 纵向零序电压式匝间保护交流回路示意图

发电机定子绕组在同相同分支匝间或同相不同分支匝间短路故障时，均会出现纵向不对称电压（即机端相对于中性点出现不对称电压），从而产生纵向零序电压。该电压由专用电压互感器（互感器一次中性点与发电机中性点通过高压电缆连接起来，而不允许接地）的开口三角形绕组两端取得。当测量到纵向零序电压超过定值时，保护动作。反应纵向零序电压的匝间短路保护交流回路如图 5-9 所示。图中的零序电压基波通道与 3 次谐波通道相互独立，并采用硬件滤波回路和软件傅里叶滤波算法滤去零序电压基波通道的 3 次谐波，并滤去 3 次谐波电压通道的基波分量。

发电机正常运行时机端不出现基波纵向零序电压。定子绕组相间短路时也不会出现纵向零序电压。定子绕组单相接地故障时，接地故障相对地电压为零，中性点对地电压上升为相电压，机端对中性点电压仍然对称，不出现纵向零序电压。当定子绕组发生匝间短路时，机端对中性点电压不对称，出现纵向零序电压。利用此纵向零序电压可构成匝间短路保护。例如图 5-10（a）所示的 A 相绕组发生匝间短路，设被短路的绕组匝数与每相总绕组匝数之比为 α，则故障相电动势为 $E_{AN}=(1-\alpha)E_A$，而未发生匝间短路的其他两相电动势不变，如图 5-10（b）所示。因此，机端对中性点的纵向零序电压为

$$3\dot{U}_0=(1-\alpha)\dot{E}_A+\dot{E}_B+\dot{E}_C=-\alpha\dot{E}_A \tag{5-13}$$

纵向零序电压保护的动作电压应躲过正常运行和外部故障时的最大不平衡电压，通常整定为

$$U_{0.op}=K_{rel}U_{0.max} \tag{5-14}$$

式中 $U_{0.op}$——纵向零序电压式匝间短路保护的动作电压；

K_{rel}——可靠系数，可取 $1.2\sim1.5$；

$U_{0.max}$——区外不对称短路时最大不平衡电压，可由实测和外推法确定。

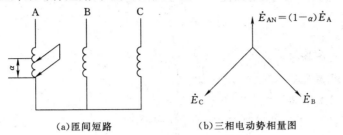

（a)匝间短路 （b)三相电动势相量图

图 5-10 发电机定子绕组匝间短路电路图及其相量图

为了提高保护灵敏度，当采取外部故障时闭锁保护措施时，纵向零序电压保护的动作电压只需按躲过正常运行时的不平衡电压整定。

为防止 TV 回路断线时造成保护误动作，需要装设电压回路断线闭锁装置。

反应纵向零序电压的匝间短路保护，还能反应定子绕组开焊故障。该保护原理简单，灵敏度较高，适于中性点只有 3 个引出端的发电机匝间短路保护。

三、反应转子回路 2 次谐波电流的匝间短路保护

发电机定子绕组发生匝间短路时，在转子回路中将出现 2 次谐波电流，因此利用转子中的 2 次谐波电流可以构成匝间短路保护，原理框图如图 5-11 所示。

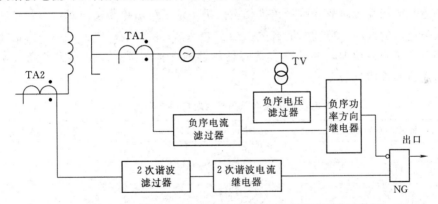

图 5-11 反应转子回路 2 次谐波电流的匝间短路保护原理框图

在正常运行、三相对称短路及系统振荡时，发电机定子绕组三相电流对称，转子回路中没有 2 次谐波电流，因此保护不会动作。但是，在发电机不对称运行或发生不对称短路时，在转子回路中将出现 2 次谐波电流。为了避免这种情况下保护误动，采用负序功率方向继电器闭锁措施，由于匝间短路时的负序功率方向与不对称运行时或发生不对称短路时的负序功率方向相反，不对称状态下负序功率方向继电器将保护闭锁，匝间短路时则开放保护。保护的动作值只需按躲过发电机正常运行时允许最大的不对称度（一般为 5%）相对应的转子回路中感应的 2 次谐波电流来整定，故保护具有较高灵敏度。

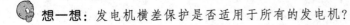 想一想：发电机横差保护是否适用于所有的发电机？

任务四 发电机定子绕组单相接地保护

任务实施：

（1）学生自主选择发电机定子绕组单相接地短路保护方案。

（2）学生回答老师提出的相关问题。

（3）老师利用多媒体、实物等教学手段简单小结。

（4）学生在实训室利用微机保护测试仪测试发电机微机保护装置的定子接地保护功能。

知识链接：

为了安全起见，发电机的外壳、铁芯都要接地。只要发电机定子绕组与铁芯间绝缘在某一点上遭到破坏，就可能发生单相接地故障。发电机的定子绕组单相接地故障是发电机的常见故障之一。

长期运行的实践表明，发生定子绕组单相接地故障的主要原因是高速旋转的发电机，特别是大型发电机的振动造成机械损伤而接地；水内冷的发电机会由于漏水导致定子绕组接地。发电机定子绕组单相接地故障时的主要危害有。

（1）接地电流会产生电弧，烧伤铁芯，使定子铁芯叠片烧结在一起，造成维修困难。

（2）接地电流会破坏绕组绝缘，扩大事故，若一点接地而未及时发现，很有可能发展成绕组的匝间或相间短路故障，严重损伤发电机。定子绕组单相接地时，对发电机的损坏程度与故障电流的大小及持续时间有关。当发电机单相接地故障电流（不考虑消弧线圈的补偿作用）大于允许值时，应装设有选择性的接地保护装置。发电机定子绕组单相接地时，接地电流允许值见表 5-1。

表 5-1 发电机定子绕组单相接地时接地电流允许值

发电机额定电压/kV	发电机额定容量/MW	接地电流允许值/A
6.3	≤50	4
10.5	50～100	3
13.8～15.75	125～200	2
18～20	300	1

大中型发电机定子绕组单相接地保护应满足以下两个基本要求：

（1）绕组有 100% 的保护范围。

（2）在绕组匝内发生经过渡电阻接地故障时，保护应有足够灵敏度。

一、反应基波零序电压的接地保护

1. 原理

现代的发电机，其中性点都是不接地或经消弧线圈接地的，因此，当发电机内部单相接地时，流经接地点的电流仍为发电机所在电压网络（即与发电机直接电联系的各元件）

对地电容电流之和，不同之处在于故障时的零序电压将随发电机内部接地点的位置而改变。

设在发电机内部 A 相距中性点口处（由故障点到中性点绕组匝数占全相绕组匝数的百分数）的 k 点发生定子绕组接地，如图 5-12（a）所示。

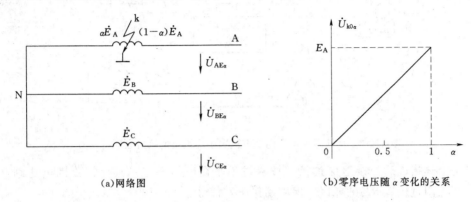

(a)网络图　　　　　　　　(b)零序电压随 α 变化的关系

图 5-12　发电机定子绕组单相接地时的零序电压

发电机机端每相对地电压为

$$U_{AE\alpha} = (1-\alpha)\dot{E}_A$$

$$\dot{U}_{BE\alpha} = \dot{E}_B - \alpha\dot{E}_A$$

$$\dot{U}_{CE\alpha} = \dot{E}_C - \alpha\dot{E}_A$$

机端零序电压为

$$\dot{U}_{k0\alpha} = \frac{1}{3}(\dot{U}_{AF\alpha} + \dot{U}_{BF\alpha} + \dot{U}_{CF\alpha}) = -\alpha\dot{E}_A \tag{5-15}$$

可见基波零序电压与 α 成正比，故障点离中性点越远，零序电压越高。当 $\dot{U}_{k0\alpha}=1$，即机端接地时，$\dot{U}_{k0\alpha}=-\dot{E}_A$；而当 $\alpha=0$ 时，即中性点处接地时，$\dot{U}_{k0\alpha}=0$。$\dot{U}_{k0\alpha}$ 与 α 的关系曲线如图 5-12（b）所示。

2. 保护的构成

反映零序电压的发电机定子绕组接地保护的原理接线如图 5-13 所示。过电压继电器通过 3 次谐波滤波器接于机端电压互感器 TV 开口三角形侧两端。保护的动作电压应躲过正常运行时开口三角形侧的不平衡电压，还应躲过在变压器高压侧接地时，通过变压器高、低压绕组间电容耦合到机端的零序电压。

由图 5-12（b）可知，故障点离中性点越近零序电压越低。当零序电压小于电压继电器的动作电压时，保护不动作，因此该保护存在死区，死区大小与保护定值的大小有关。为了减小死区，可采取下列措施降低保护定值，提高保护灵敏度：

（1）加装 3 次谐波滤波器。

（2）高压侧中性点直接接地电网中，利用保护延时躲过高压侧接地故障。

（3）高压侧中性点非直接接地电网中，利用高压侧接地出现的零序电压闭锁或者制动发电机接地保护。

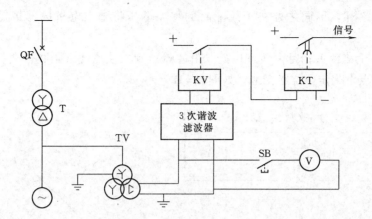

图 5-13 反映零序电压的发电机定子绕组接地保护原理接线图

采用上述措施后，接地保护只需按躲过不平衡电压整定，其保护范围可达到 95%，但在中性点附近仍有 5% 的死区，保护动作于发信号。

二、利用基波零序电压和 3 次谐波电压构成的发电机定子 100% 接地保护

在发电机相电动势中，除基波之外还含有一定分量的谐波，其中主要是 3 次谐波，3 次谐波值一般不超过基波的 10%。

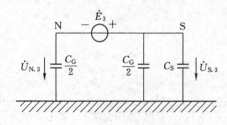

图 5-14　正常运行时发电机机端电压与
中性点 3 次谐波电压分布

1. 正常运行时定子绕组中 3 次谐波电压分布

正常运行时，中性点绝缘的发电机机端电压与中性点 3 次谐波电压分布如图 5-14 所示。图中 C_G 为发电机每相对地等效电容，且看作集中在发电机端 S 和中性点 N，并均为 $C_G/2$。C_S 为机端其他连接元件每相对地等效电容，且看作集中在发电机端。E_S 为每相 3 次谐波电动势，机端 3 次谐波电压 $U_{S.3}$ 和中性点 3 次谐波电压 $U_{N.3}$ 分别为

$$U_{S.3} = E_3 \frac{C_G}{2(C_G + C_S)}$$

$$U_{N.3} = E_3 \frac{C_G + 2C_S}{2(C_G + C_S)}$$

$U_{S.3}$ 与 $U_{N.3}$ 的比值为

$$\frac{U_{S.3}}{U_{N.3}} = \frac{C_G}{C_G + 2C_S} < 1$$

$$U_{S.3} < U_{N.3}$$

正常情况下，机端 3 次谐波电压总是小于中性点 3 次谐波电压。若发电机中性点经消弧线圈接地，上述结论仍然成立。

2. 定子绕组单相接地时 3 次谐波电压的分布

设发电机定子绕组距中性点 α 处发生金属性单相接地，如图 5-15 所示。无论发电机

中性点是否接有消弧线圈，恒有 $U_{N.3}=\alpha E_3$，$U_{S3}=(1-\alpha)E_3$。且其比值为

$$\frac{U_{S.3}}{U_{N.3}}=\frac{1-\alpha}{\alpha}$$

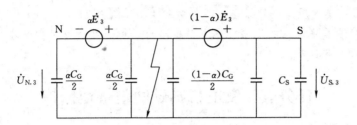

图 5-15　定子绕组单相接地时 3 次谐波电压分布

当 $\alpha<50\%$ 时，$U_{S3}>U_{N3}$；当 $\alpha>50\%$ 时，$U_{S3}<U_{N3}$。

U_{S3} 与 U_{N3} 随 α 变化的关系如图 5-16 所示。

综上所述，正常情况下，$U_{S3}\leqslant U_{N3}$；定子绕组单相接地时 $\alpha<50\%$ 的范围内，$U_{S3}\geqslant U_{N3}$。因此可将 U_{S3} 作为动作量，U_{N3} 作为制动量，构成接地保护，其保护动作范围在 $\alpha=0\sim50\%$ 内，且越靠近中性点保护越灵敏。

3 次谐波电压保护与基波零序电压保护一起构成发电机定子 100% 接地保护。由基波零序电压保护反应发电机距机端 85%～95% 范围内定子绕组单相接地故障（中性点附近有 5%～15% 的死区）；

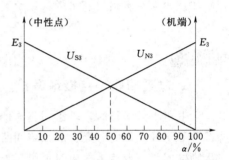

图 5-16　U_{S3} 与 U_{N3} 随 α 变化的曲线

3 次谐波电压保护反应发电机中性点附近 50% 范围内定子绕组的单相接地故障，如图 5-17 所示。

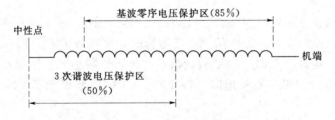

图 5-17　由基波零序电压和 3 次谐波电压共同构成
发电机定子 100% 接地保护

其动作判据为

$$3U_0>U_{op}$$

$$\frac{U_{S3}}{U_{N3}}>K$$

式中　$3U_0$——发电机零序电压；

129

U_{op}——基波零序电压整定值；

U_{S3} 和 U_{N3}——发电机机端 TV 开口三角形绕组和中性点 TV 输出的 3 次谐波分量；

K——3 次谐波比例定值。

 想一想：（1）发电机发生定子单相接地故障有什么危害？

（2）反应基波零序电压的发电机定子单相接地保护为什么会存在死区？如何消除这个死区？

任务五　发电机励磁回路接地保护

任务实施：

（1）学生自主学习由电桥平衡原理构成的发电机转子回路接地保护的原理。

（2）小组回答老师提出的相关问题。

（3）学生在实训室利用微机保护测试仪测试发电机微机保护装置的转子一点接地保护功能。

知识链接：

一、励磁回路一点接地保护

发电机正常运行时，励磁回路与地之间有一定的绝缘电阻和分布电容。当励磁绕组绝缘严重下降或损坏时，会引起励磁回路的接地故障，最常见的是励磁回路一点接地故障。发生励磁回路一点接地故障时，由于没有形成接地电流通路，所以对发电机运行没有直接影响。但是发生一点接地故障后，励磁回路对地电压将升高，在某些条件下会诱发第二点接地。励磁回路发生两点接地故障将严重损坏发电机。因此，发电机必须装设灵敏的励磁回路一点接地保护，保护作用于信号，以便通知值班人员采取措施。

1. 绝缘检查装置

励磁回路绝缘检查装置原理如图 5-18 所示。其中图 5-18（a）所示为应用两个相同电压表检测励磁回路一点接地的电路，正常运行时，电压表 PV1、PV2 的读数相等。当励磁回路发生一点接地时 PV1、PV2 的读数不相等，读数小的一侧即判定为接地侧。值得注意的是，在励磁绕组中点接地时，PV1 与 PV2 的读数也相等，因此该检测装置有死区。

在现场也可以用一个电压表借助切换开关 SA 来检测励磁回路对地绝缘状况，如图 5-18（b）所示。当触点 1、2 接通，3、4 接通时，电压表读数为励磁回路正极对地电压 U_1；当触点 2、3 接通，4、5 接通时，电压表读数为励磁回路负极对地电压 U_2；当触点 1、2 接通，4、5 接通时，电压表读数为励磁电压 U_m。

励磁回路绝缘完好时，$U_1 = U_2 = 0$；若正极接地，则 $U_1 = 0$，$U_2 = U_m$；若接地点靠近负极，则 $U_1 \geqslant \dfrac{U_m}{2}$，$U_2 \leqslant \dfrac{U_m}{2}$，$U_1 + U_2 = U_m$；若接地点在励磁绕组中点，则 $U_1 = U_2 = \dfrac{U_m}{2}$。根据测量结果，可判断励磁回路是否接地。显然这种电路没有死区。

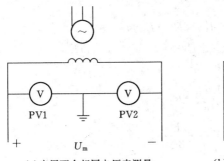

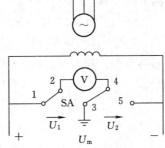

（a）应用两个相同电压表测量　　　（b）应用一个电压表借助切换开关测量

图 5-18　励磁回路绝缘检查装置原理图

2. 直流电桥式一点接地保护

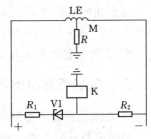

直流电桥式一点接地保护原理如图 5-19 所示。发电机励磁绕组 LE 对地绝缘电阻用接在 LE 中点 M 处的集中电阻 R 来表示。LE 的电阻以中点 M 为界分为两部分，和外接电阻 R_1、R_2 构成电桥的四个臂。励磁绕组正常运行时，电桥处于平衡状态，此时继电器 K 不动作。当励磁绕组发生一点接地时，电桥失去平衡，流过继电器的电流大于其动作电流，继电器动作。显而易见，接地点靠近励磁回路两极时保护灵敏度高，而接地点靠近中点时，电桥几乎处于平衡状态，继电器无法动作，因此，在励磁绕组中点附近存在死区。

图 5-19　直流电桥式一点
接地保护原理图

为了消除死区采用了下述两项措施。

（1）在电阻 R_1 的桥臂中串接非线性元件稳压管，其阻值随外加励磁电压的大小而变化，因此，保护装置的死区随励磁电压改变而移动位置。这样在某一电压下的死区，在另一电压下则变为动作区，从而减小了保护拒动的几率。

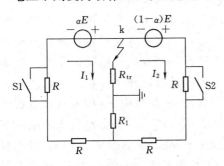

图 5-20　切换采样原理一点
接地保护原理图

（2）转子偏心和磁路不对称等原因产生的转子绕组的交流电压，使转子绕组中点对地电压不保持为零，而是在一定范围内波动，因此可以利用这个波动的电压来消除保护死区。

3. 微机型切换采样式一点接地保护

基于切换采样原理的励磁回路一点接地保护原理如图 5-20 所示。

接地故障点 k 将转子绕组分为 α 和 $1-\alpha$ 两部分，R_{tr} 为故障点过渡电阻，还有 4 个电阻 R 和 1 个取样电阻 R_1 组成有两个网孔的直流电路。两个电子开关 S1 和 S2 轮流接通，当 S1 接通、S2 断开时，可得到一组电压回路方程，即

$$(R+R_1+R_{tr})I_1-(R_1+R_{tr})I_2=\alpha E$$

$$-(R_1+R_{tr})I_1+(2R+R_1+R_{tr})I_2=(1-\alpha)E$$

当 S2 接通、S1 断开时，直流励磁电压变为 E，响应电流变为 I_1 和 I_2。于是得到另

外一组电压回路方程，即

$$(2R+R_1+R_{tr})I_1'-(R_1+R_{tr})I_2'=\alpha E'$$
$$-(R_1+R_{tr})I_1'+(R+R_1+R_{tr})I_2'=(1-\alpha)E'$$

联解两组电压回路方程，得

$$R_{tr}=\frac{ER_1}{3\Delta U}-R_1-\frac{2R}{3}\qquad\qquad(5-16)$$

$$\alpha=\frac{1}{3}+\frac{U_1}{3\Delta U}\qquad\qquad(5-17)$$

其中

$$U_1=R_1(I_1-I_2);U_2=R_1(I_1'-I_2');\Delta U=U_1-kU_2;k=\frac{E}{E'}$$

由上面的结论可见，微机型切换采样式一点接地保护利用微机保护的计算能力，可直接由式（5-16）求出过渡电阻 R_{tr}，由式（5-17）可确定一点接地故障点的位置，并在 S1、S2 切换过程中允许直流励磁电压变化。

二、励磁回路两点接地保护

1. 直流电桥式励磁回路两点接地保护

励磁回路发生两点接地故障，由于故障点流过相当大的短路电流，将产生电弧，会烧伤转子；部分励磁绕组被短接，造成转子磁场发生畸变，力矩不平衡，致使机组振动；接地电流可能使汽轮机汽缸磁化。因此，励磁回路发生两点接地会造成严重后果，必须装设励磁回路两点接地保护。

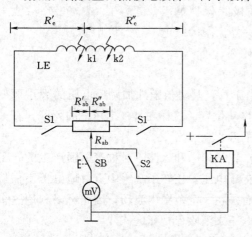

图 5-21　直流电桥式励磁回路两点接地
保护原理接线图

励磁回路两点接地保护可由电桥原理构成。直流电桥式励磁回路两点接地保护原理接线如图 5-21 所示。在发现发电机励磁回路一点接地后，将发电机励磁回路两点接地保护投入运行。当发电机励磁回路两点接地时，该保护经延时动作于停机。励磁回路的直流电阻 R_e 和附加电阻 R_{ab} 构成直流电桥的四臂（R_e'、R_e''、R_{ab}'、R_{ab}''）。毫伏表和电流继电器 KA 接于 R_{ab} 的滑动端与地之间，即电桥的对角线上。当励磁回路 k1 点发生接地后投入开关 S1 并按下按钮 SB，调节 R_{ab} 的滑动触点，使毫伏表指示为零，此时电桥平衡，即

$$\frac{R_e'}{R_e''}=\frac{R_{ab}'}{R_{ab}''}$$

然后松开 SB，合上 S2，接入电流继电器 KA，保护投入工作。当励磁回路第二点发生接地时，R_e'' 被短接一部分，电桥平衡遭到破坏，电流继电器中有电流通过，若电流大于继电器的动作电流，保护动作，断开发电机出口断路器。

由电桥原理构成的励磁回路两点接地保护有下列缺点：

（1）若第二个故障点 k2 点离第一个故障点 k1 点较远，则保护的灵敏度较好；反之，若 k2 点离 k1 点很近，通过继电器的电流小于继电器动作电流，保护将拒动，因此保护存在死区，死区范围在 10％左右。若第一个接地点 k1 点发生在转子绕组的正极或负极端，则因电桥失去作用，不论第二点接地发生在何处，保护装置将拒动，死区达 100％。

（2）由于两点接地保护只能在转子绕组一点接地后投入，所以对于发生两点同时接地，或者第一点接地后紧接着发生第二点接地的故障，保护均不能反映。

两点接地保护装置虽然有上述这些缺点，但是接线简单、价格便宜，因此在中、小型发电机上仍然得到广泛应用。

2. 微机型励磁回路两点保护

发电机励磁回路一点接地故障对发电机并未造成直接危害，但若再相继发生第二点接地故障，则将严重威胁发电机的安全。转子两点接地后短路电流大，励磁电流增加，可能烧坏绕组；气隙磁通失去平衡使机组剧烈振动；同时还会产生轴系磁化等严重后果。上述由平衡电桥原理构成的励磁回路两点接地保护装置灵敏度低且有较大的死区，实际应用中利用微机保护装置来反映发电机转子绕组两点接地时定子绕组中产生的 2 次谐波负序分量，来判断发电机转子两点接地故障，该保护能较灵敏地反映转子回路两点接地故障。

（1）保护构成原理。当发电机转子绕组两点接地时，其气隙磁场将发生畸变，在定子绕组中将产生 2 次谐波负序分量电动势。转子两点接地保护即反映定子电压中 2 次谐波负序分量。动作方程为

$$\begin{cases} U_{2\omega2} > U_{2\omega g} \\ U_{2\omega2} > 2U_{2\omega1} \end{cases}$$

式中　$U_{2\omega1}$，$U_{2\omega2}$——发电机定子电压 2 次谐波正序和负序分量；

$U_{2\omega g}$——2 次谐波电压动作整定值。

（2）逻辑框图。在转子一点接地保护动作后，自动投入转子两点接地保护。转子两点接地保护的逻辑框图如图 5-22 所示。

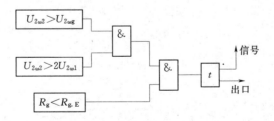

图 5-22　微机型转子两点接地保护逻辑框图

图中 $R_g \leqslant R_{gE}$ 为转子一点接地保护动作条件。

 想一想：（1）出现励磁回路一点、两点接地故障对发电机有什么危害？

（2）反应发电机励磁回路两点接地故障的保护有哪几种？

（3）电磁型励磁回路两点接地保护与微机型励磁回路两点接地保护的原理有什么区别？

小　结

发电机是电力系统中最重要的设备，本章分析了发电机可能发生的故障及应装设的保护。

反映发电机相间短路故障的主保护采用纵差保护。纵差保护应用十分广泛，其原理与输电线路基本相同，但实现起来要比输电线路容易得多。但是，应该注意，纵差保护存在动作死区。在微机保护中，广泛采用比率制动式纵差保护。

反映发电机匝间短路故障，可根据发电机的结构，采用横差保护、零序电压保护、转子 2 次谐波电流保护等。

反映发电机定子绕组单相接地，可采用基波零序电压保护、基波和 3 次谐波电压构成的 100% 接地保护等，保护分别作用于跳闸或发信号。

转子一点接地保护只作用于信号，转子两点接地保护作用于跳闸。

复　习　思　考　题

（1）发电机可能发生哪些故障和不正常工作方式？应配置哪些保护？

（2）发电机的纵差保护的方式有哪些？各有何特点？

（3）发电机纵差保护有无死区？为什么？

（4）试简述发电机匝间短路保护的基本原理。

（5）如何构成 100% 发电机定子绕组接地保护？

（6）转子一点接地、两点接地有何危害？

（7）试述直流电桥式励磁回路一点接地保护基本原理及励磁回路两点接地保护基本原理。

项目六　母线保护的配置

引言：

　　电力系统中母线发生故障的几率较线路低，但故障的影响面很大。这是因为母线上通常连接有较多电气元件，母线故障会使这些元件停电，从而造成大面积停电事故，并可能破坏系统的稳定运行，使故障进一步扩大，可见母线故障是最严重的电气故障之一。因此利用母线保护清除和缩小故障造成的后果十分必要。

　　引起母线短路故障的主要原因有：断路器套管及母线绝缘子的闪络；母线电压互感器的故障；运行人员的误操作，如带负荷拉隔离开关、带接地线合断路器等。

任务一　母线保护的配置

任务提出：

　　根据电力系统母线的接线方式、电压等级、母线的重要程度等条件来选择母线保护的配置。

任务实施：

　　（1）复习在变压器和发电机保护中学过的比率制动式纵联差动保护的知识。

　　（2）自主学习母线完全电流差动保护和比相式母线电流差动保护的原理。

　　（3）小组回答老师提出的相关问题。

　　（4）老师对学生的学习成果进行简单的小结。

　　（5）学生在实训室利用微机保护测试仪对母线微机保护装置进行测试。

知识链接：

　　对母线保护的基本要求是应能快速、灵敏而有选择地将故障部分切除。对于中性点直接接地电网的母线保护，应采用三相式接线，以便反映相间短路和单相接地短路；对于中性点非直接接地电网的母线保护，可采用两相式接线，因为此时不需要反映单相接地故障。

　　母线保护总的来说可以分为利用供电元件的保护来保护母线和装设母线保护专用装置两大类型。

一、利用供电元件的保护来切除母线故障

　　如图6-1所示，B处的母线故障可由QF1处的Ⅱ或Ⅲ段及QF2和QF3处的发电机、变压器的过流保护切除。

　　利用供电元件的保护可以切除母线故障，这种保护方式的优点是简单经济；缺点是故

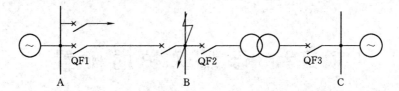

图 6-1 利用供电元件保护切除故障母线系统图

障切除时间太长，一般在 0.5～1.1s 以上，而且当双母线发生故障时无选择性。

二、专用母线差动保护

根据有关规程规定，在下述情况下，应考虑装设专用的母线保护：

（1）在双母线同时运行或具有分段断路器的双母线或分段单母线，由于供电可靠性要求较高，要求快速、有选择性地切除故障母线时，应考虑装设专用母线保护。

（2）由于电力系统稳定的要求，当母线上发生故障必须快速切除时，应考虑装设专用母线保护。

（3）当母线发生故障，主要电站厂用电母线上的残余电压低于额定电压的 50%～60% 时，为保证厂用电及其他重要用户的供电质量，应考虑装设专用母线保护。

母线保护广泛采用差动原理构成，一般常见的有母线完全差动保护和母线不完全差动保护等类型。其中，母线完全差动保护的原理接线图如图 6-2 所示。

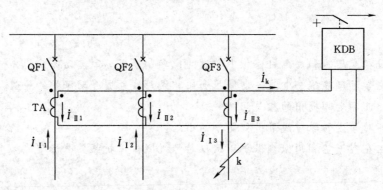

图 6-2 母线完全差动保护的原理接线图

母线差动保护分为：①母线完全差动；②固定连接的双母线差动保护；③电流相位比较式差动保护；④母线联络相位差动保护；⑤比率制动式母线差动保护。

母线保护应特别强调其可靠性，并尽量简化装置。对电力系统的单母线和双母线保护采用差动保护一般可以满足要求，所以得到广泛应用。母线上连接元件较多，所以母线差动保护的基本特点如下：

（1）从幅值上看，正常运行和区外故障时

$$\sum \dot{i} = 0$$

母线故障时

$$\sum \dot{i} = \dot{i}_k > \dot{i}_{act} \quad 动作$$

（2）从相位上看，正常运行和区外故障时，流入、流出母线的电流相位相反；母线故障时所有电流相位基本一致。

1. 母线完全差动保护工作原理

母线完全差动保护的工作原理和线路差动保护原理相同。为了构成母线完全差动保护，必须将母线的连接元件都包括在差动回路中，因此需在母线的所有连接元件上装设具有相同变比和相同特性的专用 TA，如图 6-2 所示。

正常运行或外部故障时

$$\dot{I}_{in} = \dot{I}_{out}$$

则一次侧

$$\sum \dot{I} = \dot{I}_{I1} + \dot{I}_{I2} - \dot{I}_{I3} = 0 \tag{6-1}$$

二次侧

$$\dot{I}_K = \dot{I}_{II1} + \dot{I}_{II2} - \dot{I}_{II3} = 0 \tag{6-2}$$

实际上，考虑到电流互感器的特性不完全一致，因此在正常运行或外部故障时流入差动继电器的电流为不平衡电流，即

$$\begin{aligned}
\dot{I}_K &= \dot{I}_{II1} + \dot{I}_{II2} - \dot{I}_{II3} \\
&= \frac{\dot{I}_{I1} + \dot{I}_{I2} - \dot{I}_{I3}}{n_{TA}} - \frac{\dot{I}_{E1} + \dot{I}_{E2} - \dot{I}_{E3}}{n_{TA}} \\
&= -\frac{\dot{I}_{E1} + \dot{I}_{E2} - \dot{I}_{E3}}{n_{TA}} = \dot{I}_{unb}
\end{aligned} \tag{6-3}$$

式中　$\dot{I}_{E1}$、$\dot{I}_{E2}$、$\dot{I}_{E3}$——电流互感器的励磁电流；

$\dot{I}_{unb}$——电流互感器特性不一致而产生的不平衡电流。

式（6-3）表明，当发生区外故障时，流过差动继电器的不平衡电流 $\dot{I}_{unb}$ 等于所有非故障线路电流互感器换算到二次侧的励磁电流与故障线路电流互感器换算到二次侧的励磁电流的相量差。考虑到流过故障线路的短路电流最大，因此假设只有故障线路电流互感器有饱和现象，而其他非故障线路的电流互感器饱和现象可以忽略不计，流过差动继电器的不平衡电流可写成

$$\dot{I}_K = \dot{I}_{unb} = \frac{\dot{I}_{I3}}{n_{TA}} - \dot{I}_{II3} \tag{6-4}$$

由式（6-4）可知，在母线区外故障时如果故障线路电流互感器饱和，而其他非故障线路的电流互感器不饱和，则差动电流为故障线路归算到二次侧的短路电流 $\dot{I}_{I3}/n_{TA}$ 与电流互感器饱和二次电流 $\dot{I}_{II3}$ 的差值，此差值即为故障线路电流互感器的励磁电流 $\dot{I}_{E3}$，其相位滞后于该线路二次电流的相位，小于或接近于 90°，波形完全偏向时间轴的一侧，含有大量的非周期分量。

为保证母线差动保护的选择性，差动继电器的启动电流必须大于最大不平衡电流，即

$$\dot{I}_{k.\,act} \geqslant \dot{I}_{unb.\,max}$$

母线故障时，所有有电源的线路都向故障点供给短路电流，如图 6-3 所示，则一次侧

$$\sum \dot{I} = \dot{I}_{\text{I}1} + \dot{I}_{\text{I}2} + \dot{I}_{\text{I}3} = \dot{I}_{\text{k}} \qquad (6-5)$$

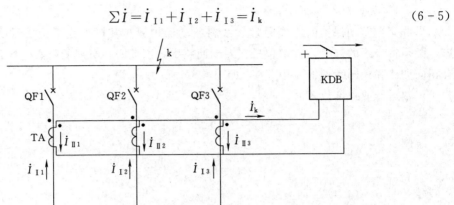

图 6-3 母线完全差动保护原理图（母线故障）

二次侧

$$\dot{I}_{\text{k}} = \dot{I}_{\text{II}1} + \dot{I}_{\text{II}2} + \dot{I}_{\text{II}3} = \frac{\dot{I}_{\text{k}}}{n_{\text{TA}}} \qquad (6-6)$$

式中　$\dot{I}_{\text{k}}$——故障点的总短路电流。该电流数值很大，足以使差动继电器动作，从而跳开所有断路器。

2. 母线完全差动保护整定计算

母线完全差动保护按以下两个条件整定：

(1) 过外部短路可能产生的 $\dot{I}_{\text{unb. max}}$。

$$I_{\text{k. act}} = K_{\text{rel}} I_{\text{unb. max}} = K_{\text{rel}} f_{\text{i}} \frac{I_{\text{k. max}}}{n_{\text{TA}}} \qquad (6-7)$$

式中　K_{rel}——可靠系数，一般取 1.3；

　　　f_{i}——电流互感器的变比误差，取 0.1；

　$I_{\text{unb. max}}$——母线外部短路时，流过差动回路的最大不平衡电流；

　　　n_{TA}——母线保护用电流互感器的变比。

(2) 电流互感器二次回路断线时不误动。

$$I_{\text{k. act}} = \frac{K_{\text{rel}} I_{\text{L. max}}}{n_{\text{TA}}} \qquad (6-8)$$

式中　$I_{\text{L. max}}$——母线连接元件中最大负荷支路上最大负荷电流。

取上述两者中较大者为整定值。

灵敏度校验

$$K_{\text{sen}} = \frac{I_{\text{k. min}}}{I_{\text{k. act}} n_{\text{TA}}} \geqslant 2 \qquad (6-9)$$

式中　$I_{\text{k. min}}$——连接元件最少时母线内部短路的最小短路电流。

3. 双母线的完全差动保护（也称母联电流相位比较式差动保护）

对于母线上各连接元件只有一台断路器的高压双母线系统，为了提高其供电的可靠

性，通常要求两组母线通过母线联络断路器并列运行，每组母线上各接有一部分供电元件和一部分受电元件。母线故障时，除要求母线保护能够准确地判断出故障是否发生在双母线上外，还要求母线保护能够准确判断出故障发生在双母线的哪一段母线上，使母线保护能够有选择性地切除故障母线，保留非故障母线继续运行。为了实现上述两个要求，母线差动保护通常由启动元件、选择元件和电压闭锁元件组成。

在整个双母线上装设一套大差动保护作为启动元件，然后再在双母线系统的Ⅰ段和Ⅱ段母线上分别各装设一套小差动保护作为选择元件。其中，大差动保护的作用是判断故障是否发生在双母线上。如果故障发生在双母线系统上，则大差动保护动作，Ⅰ段母线和Ⅱ段母线的小差动保护作为选择元件，判断故障是发生在哪一段母线，然后有选择性跳开故障母线，如图 6-4 所示。图中所示的双母线接线中，假设Ⅰ段母线和Ⅱ段母线并列运行，Ⅰ段母线和Ⅱ段母线的连接元件中均有电源线路，规定母联 TA5 的电流（即小差动电流）由Ⅱ段母线流向Ⅰ段母线为正方向，母联 TA5 的电流由Ⅰ段母线流向Ⅱ段母线为反方向，则当 I_5 为正时判别是Ⅰ段母线发生短路故障，I_5 为负时判别是Ⅱ段母线发生短路故障，从而实现了大差动保护判启动，小差动保护判方向的要求。

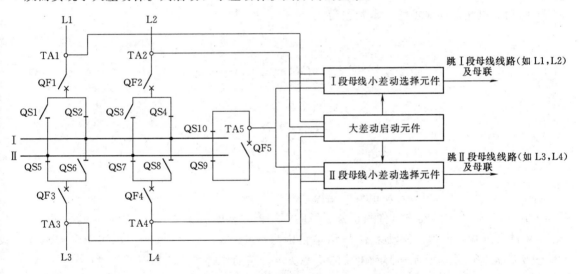

图 6-4　双母线差动保护原理示意图

下面详细讲述双母线的微机型差动保护原理。

目前，微机母线保护的工作原理广泛采用比率制动式电流差动保护原理。比率制动式电流差动保护中设有大差动启动元件、小差动选择元件和电压闭锁元件。大差动启动元件和小差动选择元件中有反映任意一相电流突变或电压突变的启动元件，它和差动作判据一起在每个取样中断中实时进行判断，以确保内部故障时电流保护正确动作。同时在满足电压闭锁开放条件时跳开故障母线上所有断路

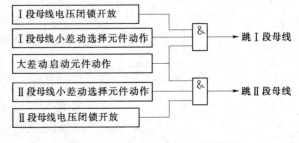

图 6-5　双母线方式的出口逻辑图

139

器，其出口逻辑如图 6-5 所示。

比率制动特性是指继电器的动作电流随外部短路电流的增大而自动增大，而且动作电流的增大比不平衡电流的增大要快。这样就可避免由于外部短路电流的增大而造成继电器误动作，同时对于内部短路故障又有较高的灵敏度，如前面介绍的变压器和发电机的比率制动式电流差动保护。

比率制动式电流保护原理的基本原理是母线在正常工作或其保护范围外部故障时所有流入及流出母线的电流之和为一不平衡电流，而在内部故障情况下所有流入及流出母线的电流之和为短路电流。基于这个前提，差动保护可以正确地区分母线内部故障和外部故障。

具有比率制动特性的母线差动保护引入了两个主要量，反映差动电流的动作量 I_d 及反映外部短路时穿越电流的制动量 I_{brk}。动作量 I_d 和制动量 I_{brk} 的计算式分别为

$$I_d = |i_1 + i_2 + \cdots + i_n| \tag{6-10}$$

$$I_{brk} = |i_1| + |i_2| + \cdots + |i_n| \tag{6-11}$$

比率制动式电流差动保护的基本判据为

$$I_d \geq I_{act0} \tag{6-12}$$

$$|i_1 + i_2 + \cdots + i_n| \geq K(|i_1| + |i_2| + \cdots + |i_n|) \tag{6-13}$$

即

$$I_d \geq K I_{brk}$$

式中 $i_1, i_2, \cdots, i_n$ ——支路电流；

   K ——制动系数；

   I_{act0} ——差动电流门槛值。

式（6-12）中的动作条件由正常运行时不平衡差动电流决定，一般根据经验取 0.2～0.3 倍的母线额定电流。制动系数 K 取值范围为 0.6～0.75。式（6-13）的动作条件由母线所有元件的差动电流和制动电流的比率决定，其动作特性曲线如图 6-6 所示。

在外部故障短路电流很大时，不平衡电流虽然较大，式（6-12）容易满足，但母线差动保护的动作电流随制动电流的增大而增大，因而不满足式（6-13），动作条件由上述两判据式（6-12）和式（6-13）与门输出，所以当外部短路故障电流较大时，由于式（6-12）使得保护不会误动。而内部故障时式（6-13）易于满足。

采用比率制动式母线差动保护提高了内部故障的灵敏度，并能可靠防止外部故障时由于不平衡电流造成的误动。

固定连接的双母线差动保护此处不再赘述。

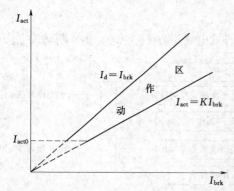

图 6-6 比率制动式电流差动保护动作特性

想一想：（1）微机型母线保护装置是怎样判别母线内部故障和外部故障的？

（2）比相式双母线差动保护装置是怎样判断故障所在母线的？

（3）微机型比率制动式母线差动保护与母线完全电流差动保护有何区别？

任务二 断路器失灵保护

任务提出：

图6-7所示为断路器失灵保护示意图，如果图中k点短路时QF5因某种原因出现失灵而拒动，确定其他保护的动作情况。

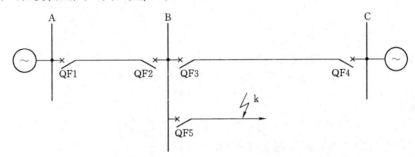

图6-7 断路器失灵保护示意图

任务实施：

（1）学生自主学习掌握断路器失灵保护的原理。

（2）小组回答老师提出的相关问题。

知识链接：

断路器失灵是电力系统正常运行时，有时会出现某个元件发生故障，该元件的继电保护动作发出跳闸脉冲之后，断路器却拒绝动作（即断路器失灵）的情况。这种情况可能导致事故范围扩大、设备烧毁，甚至使系统的稳定运行遭到破坏。虽然用相邻元件保护作为远后备保护是最简单、合理的后备方式，既可作保护拒动时的后备，又可作断路器拒动时的后备。但是，这种后备方式在高压电网中由于各电源支路的助增电流和汲出电流的作用，使后备保护的灵敏度得不到满足，动作时间也较长。因此，对于比较重要的高压电力系统，应装设断路器失灵保护。

断路器失灵保护又称为后备接线，是一种后备保护。在同一发电厂或变电所内，当断路器拒绝动作时，它能够以较短时限切除与拒动断路器连接在同一母线上的所有有电源支路断路器，使停电范围限制到最小的程度，如图6-7所示。

例如，k处发生故障时，QF5拒动，装设于线路的断路器失灵保护动作，加速断开变电所B上的QF2、QF3，使故障范围不至于影响到变电所A和C（QF1、QF4的远后备保护动作亦可达到同样的目的，但因为动作时间太长满足不了系统的要求）。

根据DL400—91《继电保护和安全自动装置技术规程》规定，在220～500kV电网中以及110kV电网的个别重要部分，可按下列规定装设断路器失灵保护：

（1）线路保护采用近后备方式且断路器确有可能发生拒动时。对于220～500kV分相操作的断路器，可只考虑断路器单相拒绝动作的情况。

（2）线路保护采用远后备方式且断路器确有可能发生拒动时。如果由其他线路或变压器的后备保护切除故障，将扩大停电范围并引起严重后果的情况。

（3）如果断路器和电流互感器之间距离较长，在其间发生故障不能由该回路主保护切除，而由其他线路和变压器后备保护切除又将扩大停电范围并引起严重后果的情况。

断路器失灵保护的判据相对简单，图 6-8 为断路器失灵保护原理方框图。

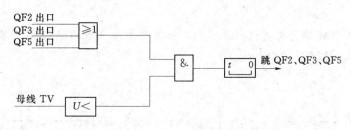

图 6-8　断路器失灵保护原理方框图

1. 动作原理

如图 6-7 所示，k 处发生故障时，QF5 的保护装置动作后，若 QF5 拒动，而且低电压元件动作，则与门开放，经延时 t 跳开 QF2、QF3。

2. 各元件作用

（1）启动元件。启动元件由该组母线上所有引出线（QF2、QF3、QF5）的保护装置出口继电器构成。其作用是在发生断路器失灵时启动断路器失灵保护。

（2）低电压元件。辅助判别元件，其作用是判断故障是否已消除。

（3）延时元件 t。鉴别是短路故障还是断路器失灵。

3. 断路器失灵保护的动作条件

由于断路器失灵保护要跳开一组母线上的所有断路器，为了提高其可靠性，只有具备下列条件才允许保护装置动作：

（1）故障引出线的保护装置出口继电器动作后不返回。

（2）在保护范围内故障仍然存在。当母线上引出线较多时，鉴别元件采用检查母线电压的低电压元件；当母线上引出线较少时，鉴别元件采用检查故障电流的电流元件。图 6-7 中的鉴别元件采用低电压元件，其动作电压应按最大运行方式下线路末端短路时有足够的灵敏度来整定。

（3）延时元件在引出线保护动作以后才开始计时，因此，它的动作时间不需要与其他保护的动作时限配合，仅需要躲过断路器跳闸时间和保护返回时间之和。对于 220kV 断路器，其跳闸时间约为 $40\sim60\text{ms}$，保护返回时间约为 100ms，所以延时元件动作时间可整定为 $0.3\sim0.5\text{s}$。

断路器失灵保护与线路保护和母线保护联系紧密，保护发出跳闸命令后断路器应分闸、相应电流应消失，若保护发出跳闸命令后，经一定时间相应的电流仍存在，说明跳闸命令没有执行，即启动断路器失灵逻辑。例如 A 相跳令发出、A 相有电流构成与逻辑输出，即可启动失灵判据，经短延时（考虑断路器分闸时间），失灵保护动作。目前普遍在 220kV 线路、变压器上配置断路器失灵保护，图 6-9 为断路器失灵保护、母线保护、线路保护、变压器保护之间的联系情况。各线路、变压器断路器失灵保护动作后，向本线路（变压器）保护发出重跳命令，同时将失灵启动信号送至母线保护。母线保护收到线路（变压器）失灵启动信号后，0.3s跳开母联断路器，0.6s跳开与失灵启动元件连接在同一段母线上的所有线路、变压器的断路器。

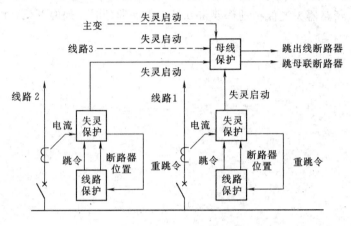

图 6-9　断路器失灵保护联系图

小　结

（1）母线故障采用两种保护方式：利用供电元件的保护或装设母线保护专用装置。前一种方式简单、经济，但是切除故障时间过长，不能满足高压电网的需求；后一种方式投资大、但是能快速切除母线故障。

（2）单母线系统一般采用完全电流差动保护，简单经济。

（3）双母线系统运行灵活，但要求母线保护不仅能够判断出故障是否发生在双母线上，而且还要求能判断是双母线上哪一段母线的故障，即要求母线保护要有选择性。其采取的措施是利用大差动启动元件来判断故障是否发生在双母线上，而用两段母线各装设一套小差动选择元件来选择是哪一段母线故障。因此，这种方式既能够满足双母线的要求，同时又不会限制双母线系统运行灵活的特点。

（4）断路器失灵保护主要作为断路器失灵时的后备保护，能在断路器失灵时快速切除故障，使停电范围限制在最小范围之内，主要用于高压电网断路器。

想一想：（1）断路器失灵与保护拒动有什么异同？

（2）既然每一种保护都有后备保护，为什么还要装设断路器的失灵保护？

复 习 思 考 题

（1）简述母线完全电流差动保护的基本原理。

（2）双母线联结方式的母线保护如何实现故障母线判断和故障母线选择？

（3）微机母线保护的差动电流和制动电流计算时所用各支路的二次电流为什么要进行折算？采用什么方法进行折算？

（4）什么是断路器失灵保护？为什么在高压电力系统中，断路器拒动时，不采用远后备保护切除故障，而必须采用断路器失灵保护切除故障？

（5）为什么断路器失灵保护动作要带 0.3～0.5s 的延时？何时开始计时？

项目七　其他元件保护的配置

引言：

　　在变电所的中、低压侧通常装设并联电容器组，以补偿系统无功功率不足，从而提高电压质量，降低电能损耗，提高系统运行的稳定性。并联电容器组可以接成星形，也可接成三角形。在大容量的电容器组中，为限制高次谐波的放大作用，可在每组电容器组中串接一个小电抗器。

　　电容器组常见的故障和异常运行情况如下：

　　(1) 电容器内部故障。一台电容器的箱壳内部，有若干并联和串联的电容元件。电容元件极板之间的绝缘在高电场强度作用下，在薄弱环节处首先发生过热、游离，直到局部击穿。个别元件击穿后，与之并联的其他电容元件均被短路。与此同时，与之串联的电容元件电压升高，有可能引起新的元件击穿，剩余电容元件上的电压就更高，产生恶性连锁反应，终至一台电容器的贯穿性短路。箱壳内部的故障电流较大，绝缘分解的气体增多，轻则发生漏油或鼓肚现象，重则箱体爆裂、起火，酿成大患。

　　(2) 电容器外部相间和接地短路。电容器组和断路器之间的引线、绝缘子、套管间可能发生相间或接地短路，对被短路的回路中各设备产生热和力的破坏。

　　(3) 电容器的过电压。电容器只允许在1.1倍工频电压下长期运行。当电容器所在母线电压增高时，电容器内部损耗和内部温度增高很快，影响电容器使用寿命，严重时将击穿。

　　(4) 电容器的失压。电容器因故失压后仍接在系统中，当再次加上电压时，电容器的残余电荷可能使电压超过1.1倍额定电压；也可能因变压器带电容器合闸产生谐振过电压；空载变压器（停电后回复供电初期）因电压较高，也会造成电容器过压。

　　如何配置一套并联电容器的保护设施，对电容器的故障和异常情况进行保护呢?

任务一　并联电容器保护的配置

任务提出：

　　针对上述常见的故障类型对并联电容器进行保护配置，分别对电容器内部故障、电容器引出回路故障和系统电压异常的情况进行保护。

任务实施：

　　(1) 配置并联电容器组的电流保护。一般把上述的电流速断保护和过电流保护形成并联电容器组的两段式过流保护。过流 I 段通过 GL_1 软压板进行投退，经过较短延时出口；过流 II 段通过 GL_2 软压板进行投退，经过较长延时出口。I 段、II 段中只要有一段出口，保护动作跳闸。典型的程序框图如图 7-1 所示。

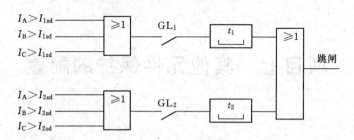

图 7-1　电容器过流保护

（2）配置并联电容器组的电压保护。并联电容器的电压保护由过电压保护和低电压保护组成，如图 7-2 所示。

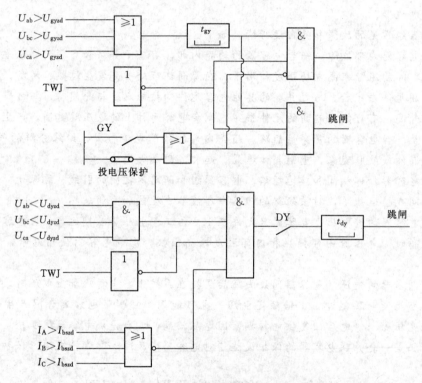

图 7-2　电容器组的电压保护

过电压保护可以通过 GY 软压板或电压保护硬压板进行投退。在系统故障过压电容器保护动作跳闸后，为了使保护能立即复位，要求保护在跳闸位置时（TWJ=1）能自动退出运行，待母线电压恢复正常后断路器方可重新投入运行。

低电压保护可以通过 DY 软压板和电压保护硬压板进行投退。在系统故障欠电压电容器保护动作跳闸后，为了使保护能立即复位，要求保护在跳闸位置时（TWJ=1）时能自动退出运行，待母线电压恢复正常后断路器方可重新投入运行。值得注意的是，为了防止PT 断线造成低电压保护误动，低电压保护中还需经过过流闭锁，即如果流经电容器的电流足够大，说明电容器不存在欠压情况，此时应把低电压保护闭锁。

（3）配置并联电容器组的电容器内部故障保护。如上所述，无论电容器组采用何种连

146

接方式，其电容器的内部击穿一般采用零序电压（不平衡电压）与零序电流（不平衡电流）来反映，如图 7-3 所示。

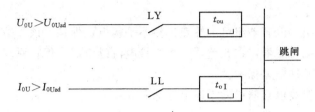

图 7-3 电容器组的内部击穿保护

（4）配置并联电容器组的电容器接地故障保护，如图 7-4 所示。

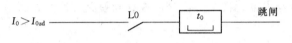

图 7-4 电容器组的接地保护

知识链接：

一、电容器内部故障保护

电容器内部故障有一个发展过程，最初只是个别串联元件损坏，逐渐波及到其他相邻元件，造成过电流和过电压击穿，击穿元件越多，击穿的发展越快，直至全部击穿而短路。因此需要在电容器组出现部分元件击穿但尚未引起全部击穿短路时，将其从系统中断开。内部故障保护包含熔断器保护和继电器保护两部分。

1. 电容器的熔断器保护

电容器的熔断器保护是在电容器组中的每一个电容上均串联一个熔断器，在流过该电容的电流过大时将电容切除。对保护并联电容器的熔断器的保护特性有如下要求：

（1）由于电容器在 $2.5I_{cn}$（电容器额定电流）下能耐受 $60\sim70s$，同时考虑到电容器允许在 $1.3I_{cn}$ 下长期连续工作，因此熔丝额定电流应大于 $1.1\times1.3I_{cn}=1.43I_{cn}$，一般可取 $1.5I_{cn}$。

（2）熔断器的安秒特性应和电容器外壳的爆裂概率曲线相配合。电容器内部发生故障时，绝缘物质产生气体会使内部压力增高，箱壳可能发生爆裂，产生的气体和电弧的能量大小有关，即和 I^2t 有关。为保证熔断器在箱壳爆裂前切除故障，应选择熔断器的安秒特性，使电容器外壳在大多数情况下安全，即使有少数损坏，也只是外壳的轻微鼓胀。

（3）在电容器的充电涌流作用下，熔断器不应熔断。

在实际应用中，保护电容器的熔断器的工作条件要求较严格，流过熔断器的故障电流不可能都可靠熔断。但熔断器仍是电力电容器一种常用的保护方式，因为它工作原理简单，能有选择性地将故障电容器从电容器组中切除；安秒特性较易与电容器箱壳的爆裂特性配合；熔断器的熔断燃弧电阻与电容器故障点电弧串联，短路能量将按电弧电阻分配，使在箱壳内释放的能量减小，有利于箱壳避免爆炸。

2. 电容器内部故障的继电器保护

根据电容器组接线方式的不同，采用不同的保护方式：

（1）单星形联结的电容器组采用零序电压保护。该保护将 ABC 三相的电压互感器的二次侧进行开口三角形连接。当某相的电容器组中发生电容器击穿时，在开口三角形处测得的零序电压不为零。

（2）双星形联结的电容器组可中性点连接不平衡电流保护。该保护在双星形的两个中性点连线上接入电流互感器，在互感器二次侧接电流继电器。保护原理可参照发电机定子绕组匝间保护的单元件横差保护。

（3）单三角形接线电容器组的零序电流保护。

二、电容器引出回路故障保护

当电容器组引接母线、电流互感器、放电电压互感器、串联电抗器等回路发生相间短路，或者电容器组本身内部元件全部击穿形成相间短路，产生很大短路电流，应装设电流速断和过电流保护。

1. 电流速断保护

按三相电容器端在最小运行方式下发生两相短路时保护具有足够灵敏度来整定动作电流，为了可靠躲过电容器投入瞬间的合闸涌流，宜增设一短延时（约 0.2s）。但如果整定的动作电流已大于合闸涌流，则不需再增设延时。

2. 过电流保护

电容器组的过电流保护是速断保护的后备，兼作过负荷保护使用，其动作电流应考虑：

（1）电容器的电容有±10%的偏差，使负荷电流增大。

（2）电容器允许在 1.3 倍额定电流下长期工作。

（3）合闸涌流冲击下不误动。

电容器的过电流保护可以采用定时限或者是反时限特性。

三、电容器过电压保护

系统三相电压过高会使电容器的功耗和发热增加，影响电容器使用寿命，为此需设过电压保护。

四、电容器低电压保护

当系统故障后线路断开引起电容器组失去电源，而线路重合又使母线带电时，会使电容器组承受合闸过电压而损坏，因此需设低电压保护。低电压保护需注意防止 PT 断线造成低电压保护误动。

任务二　并联电抗器保护的配置

引言：

远距离超高压输电线的对地电容电流很大，为吸收这种容性无功功率、限制系统的操作过电压，对于使用单相重合闸的线路，为限制潜供电容电流、提高重合闸的成功率，都应在输电线的两端或一端装设三相对地的并联电抗器。本节主要介绍并联在低压母线上的电抗器的保护。接在变压器低压侧的并联电抗器，经专用断路器与低压侧母线相连，可投切，单台容量为 30～60MVA。

并联电抗器常见的故障和异常运行情况为：

(1) 线圈的单相接地和匝间短路。

(2) 引线的相间短路和单相接地短路。

(3) 由过电压引起的过负荷。

(4) 油面降低。

(5) 温度升高和冷却系统故障。

如何配置一套并联电抗器的保护设施，对并联电抗器的故障和异常情况进行保护呢？

本节中对 (4)、(5) 两项的保护不做讨论。

任务提出：

针对上述常见的故障类型，对并联电抗器进行保护配置。

任务实施：

(1) 学生以组为单位自主学习电抗器常见的故障和异常运行情况。

(2) 教师引导学生为并联电抗器进行保护配置。

知识链接：

并联电抗器的保护配置包括：

(1) 差动保护。由于电抗器投入时无励磁涌流产生的差电流，电抗器所装设的差动保护其动作值可按 0.5～0.7 倍的额定电流整定。

(2) 电流速断保护。电流速断保护电流定值应躲过电抗器投入时的励磁涌流，一般整定为 5～7 倍的额定电流，在常见运行方式下，电抗器端部引线故障时灵敏系数不小于 1.3。

(3) 过电流保护。过电流保护电流定值应可靠躲过电抗器额定电流，一般整定为 1.5～2 倍的额定电流，动作时间一般整定为 0.5～1.0s。

(4) 零序电流保护。接于电阻接地系统的电抗器所装设的零序电流保护的零序电流定值按如下原则整定：

1) 确保在最小接地故障电流时，零序电流定值的灵敏系数不小于 2。

2) 躲过电流互感器单相断线的零序电流，一般不小于 1.1 倍的额定电流。

3) 与上一级零序电流保护配合。

4) 动作时间一般整定为 0.5～1.0s。

附件一　数字式线路保护测控装置检验报告

1. 模数变换系统检验 (检验结果：正确的打"√"否则打"×")

(1) 检验零漂 (附表1)。(进行本项目检验时要求保护装置不输入交流量。)

附表1　　　　　　　　　　　检验零漂实验记录表

项目	保护通道号							测量电流		
相别	I_A	I_B	I_C	$3I_0$	U_A	U_B	U_C	I_a	I_b	I_c
显示值										

检验结果：_____。

(2) 模拟量输入的幅值特性校验 (附表2)。

附表2　　　　　　　　　模拟量输入的幅值特性校验实验记录表

通道号	保护通道号							测量电流		
	I_A	I_B	I_C	$3I_0$	U_A	U_B	U_C	I_a	I_b	I_c
$I=2I_N$；$U=60V$										
$I=I_N$；$U=30V$										
$I=0.2I_N$；$U=5V$										
$I=0.1I_N$；$U=1V$										

检验结果：_____。

2. 保护定值检验 (检验结果：正确的打"√"否则打"×")

过流保护。过流Ⅰ段定值 (整定值：6A，0.0s)；过流Ⅱ段定值 (整定值：4A，0.5s)；过流Ⅲ段定值 (整定值：2A，1.0s)；投重合闸。

附表3　　　　　　　　　　　保护定值检验实验记录表

故障类型	外加电流	屏幕显示情况	检验结果
A相0.95倍过流Ⅰ段		过流Ⅱ段动作：$t=$_____ms	
B相1.05倍过流Ⅰ段		过流Ⅰ段动作：$t=$_____ms	
C相0.95倍过流Ⅱ段		过流Ⅲ段动作：$t=$_____ms	
C相1.05倍过流Ⅱ段		过流Ⅱ段动作：$t=$_____ms	
B相0.95倍过流Ⅲ段			
A相1.05倍过流Ⅲ段		过流Ⅲ段动作：$t=$_____ms	

附件二 调 试 报 告 样 式

1. 外观及接线检查（检验结果：正确的打"√"，否则打"×"）（附表1）

附表1   外观及接线检查记录表

序号	检 查 内 容	检查结果
1	保护装置的硬件配置，标注及接线应符合图纸要求	
2	保护装置各插件上的元器件的外观，焊接质量应良好，所有芯片应插紧，型号正确，芯片放置位置正确	
3	检查保护装置的背板接线是否有断线、短路、焊接不良现象	
4	检查逆变电源插件的额定工作电压是否与设计相符	
5	电子元件、印刷电路、焊点等导电部分与金属框架间距大于3mm	
6	保护装置的各部件固定良好，无松动现象，装置外形端正，无明显损坏及变形现象	
7	各插件和插座之间定位良好	
8	保护装置的端子排连接应可靠，标号应清晰正确	
9	切换开关、按钮等应操作灵活	
10	各部件应清洁良好	

2. 电压、电流通道的线性度检验（附表2、附表3）

接线及调试方法同上。调整输入交流电压分别为60V、30V、5V、1V，电流分别为 $5I_N$、I_N、$0.2I_N$、$0.1I_N$，要求保护装置的采样显示值与外部表计值的误差应小于5%，记录各通道的最大、最小有效值，要求外部表计值与打印值误差小于2%。

注意事项：

（1）在试验过程中，保护装置可能会退出运行，"运行"灯可能熄灭，但不影响采样数据的校验。

（2）在试验过程中，如果交流量的测量误差超过要求范围，应首先检查试验接线、试验方法、外部测量表计等是否正确完好，试验电源是否有波形畸变，不可急于调整或更换保护装置中的元器件。

附表2   电压采样实验记录表

输 入 值	装 置 显 示 值				
	A相	B相	C相	相位 A－B	相位 A－C

附表 3 电流采样实验记录表

输 入 值	装 置 显 示 值					
	I_A	I_B	I_C	I_0	相位 A－B	相位 A－C

3. 保护定值检验

检验注意事项：

（1）进行该项检验时，对于全检及新安装的检验，应按照保护整定通知单上的整定项目，对保护的每一功能元件进行逐一检查。

（2）部分检验时，对于由不同原理构成的保护元件只需任选一段进行检查，如零序方向过流Ⅰ、Ⅱ段保护只需选取任一整定项目进行检查。

（3）要求检查当动作量为整定值的 1.05～1.1 倍（反映过定值条件动作的）或 0.9～0.95 倍（反映低定值条件动作的）时各保护元件动作是否可靠动作。

（4）检查当动作量为整定值的 0.9～0.95 倍（反映过定值条件动作的）或 1.05～1.1 倍（反映低定值条件动作的）时各保护元件动作是否可靠不动作。

（5）若保护元件带方向，需要检验反方向元件最大可能短路电流时的性能。

（6）检验时，从保护屏端子排上施加模拟故障电压和电流。

（7）进行检验时，需将保护跳闸压板断开。

（8）用外部设备测量动作时间，动作时间测试到保护出口连接片。

4. 保护功能检验（检验结果：正确的打"√"，不正确的打"×"）

（1）相间距离保护（附表 4）。本装置设有三段时限的相间距离保护，各段保护由本段阻抗及时间整定，并分别有本段的控制字来控制。本试验分别加入定值 0.70、0.95 和 1.05 倍的整定阻抗，检验装置动作的可靠性。

整定值：_____，相间距离Ⅰ段定值_____ Ω；相间距离Ⅱ段定值_____ Ω，时间____ s；相间距离Ⅲ段定值_____ Ω，时间____ s。

附表 4 相间距离保护实验记录表

序号	通入故障量	故障相别	保护投入情况	动作时间	保护动作情况	检查结果
1	0.7 倍的 Z_{SET}，$Z=$____ Ω 瞬时正向故障	AB	仅相间距离Ⅰ段投入		相间距离Ⅰ段动作	
2	0.95 倍的 Z_{SET}，$Z=$____ Ω 瞬时正向故障	BC	仅相间距离Ⅰ段投入		相间距离Ⅰ段动作	
3	1.05 倍的 Z_{SET}，$Z=$____ Ω 瞬时正向故障	CA	仅相间距离Ⅰ段投入		不动作	

序号	通入故障量	故障相别	保护投入情况	动作时间	保护动作情况	检查结果
4	0.7 倍的 Z_{SET}，$Z=$____ Ω 瞬时反向故障	AB、BC、CA	仅相间距离Ⅰ段投入		不动作	
5	0.7 倍的 Z_{SET}，$Z=$____ Ω 瞬时正向故障	AB	仅相间距离Ⅱ段投入		相间距离Ⅱ段动作	
6	0.95 倍的 Z_{SET}，$Z=$____ Ω 瞬时正向故障	BC	仅相间距离Ⅱ段投入		相间距离Ⅱ段动作	
7	1.05 倍的 Z_{SET}，$Z=$____ Ω 瞬时正向故障	CA	仅相间距离Ⅱ段投入		不动作	
8	0.7 倍的 Z_{SET}，$Z=$____ Ω 瞬时反向故障	AB、BC、CA	相间距离Ⅱ段投入		不动作	
9	0.7 倍的 Z_{SET}，$Z=$____ Ω 瞬时正向故障	AB	仅相间距离Ⅲ段投入		相间距离Ⅲ段动作	
10	0.95 倍的 Z_{SET}，$Z=$____ Ω 瞬时正向故障	BC	仅相间距离Ⅲ段投入		相间距离Ⅲ段动作	
11	1.05 倍的 Z_{SET}，$Z=$____ Ω 瞬时正向故障	CA	仅相间距离Ⅲ段投入		不动作	
12	0.7 倍的 Z_{SET}，$Z=$____ Ω 瞬时反向故障	AB、BC、CA	相间距离Ⅲ段投入		不动作	
13	0.7 倍的 Z_{SET}，$Z=$____ Ω 瞬时正向故障	AB	相间距离加速段投入		相间距离加速段动作	
14	0.95 倍的 Z_{SET}，$Z=$____ Ω 瞬时正向故障	BC	相间距离加速段投入		相间距离加速段动作	
15	1.05 倍的 Z_{SET}，$Z=$____ Ω 瞬时正向故障	CA	相间距离加速段投入		不动作	

（2）接地距离保护（附表 5）。本装置设有三段时限的接地距离保护，各段保护由本段阻抗及时间整定，并分别有本段的控制字来控制。本试验分别加入定值 0.70、0.95 和 1.05 倍的整定阻抗，检验装置动作的可靠性。

整定值：_____，接地距离Ⅰ段定值_____ Ω；接地距离Ⅱ段定值_____ Ω，时间____ s；接地距离Ⅲ段定值_____ Ω，时间____ s。

附表 5　　　　　　　　接地距离保护实验记录表

序号	通入故障量	故障相别	保护投入情况	动作时间	保护动作情况	检查结果
1	0.7 倍的 Z_{SET}，$Z=$____ Ω 瞬时正向故障	AN	仅接地距离Ⅰ段投入		接地距离Ⅰ段动作	
2	0.95 倍的 Z_{SET}，$Z=$____ Ω 瞬时正向故障	BN	仅接地距离Ⅰ段投入		接地距离Ⅰ段动作	
3	1.05 倍的 Z_{SET}，$Z=$____ Ω 瞬时正向故障	CN	仅接地距离Ⅰ段投入		不动作	

序号	通入故障量	故障相别	保护投入情况	动作时间	保护动作情况	检查结果
4	0.7 倍的 Z_{SET}，$Z=$＿＿＿ Ω 瞬时反向故障	AN、BN、CN	仅接地距离Ⅰ段投入		不动作	
5	0.7 倍的 Z_{SET}，$Z=$＿＿＿ Ω 瞬时正向故障	AN	仅接地距离Ⅱ段投入		接地距离Ⅱ段动作	
6	0.95 倍的 Z_{SET}，$Z=$＿＿＿ Ω 瞬时正向故障	BN	仅接地距离Ⅱ段投入		接地距离Ⅱ段动作	
7	1.05 倍的 Z_{SET}，$Z=$＿＿＿ Ω 瞬时正向故障	CN	仅接地距离Ⅱ段投入		不动作	
8	0.7 倍的 Z_{SET}，$Z=$＿＿＿ Ω 瞬时反向故障	AN、BN、CN	仅接地距离Ⅱ段投入		不动作	
9	0.7 倍的 Z_{SET}，$Z=$＿＿＿ Ω 瞬时正向故障	AN	仅接地距离Ⅲ段投入		接地距离Ⅲ段动作	
10	0.95 倍的 Z_{SET}，$Z=$＿＿＿ Ω 瞬时正向故障	BN	仅接地距离Ⅲ段投入		接地距离Ⅲ段动作	
11	1.05 倍的 Z_{SET}，$Z=$＿＿＿ Ω 瞬时正向故障	CN	仅接地距离Ⅲ段投入		不动作	
12	0.7 倍的 Z_{SET}，$Z=$＿＿＿ Ω 瞬时反向故障	AN、BN、CN	接地距离Ⅲ段投入		不动作	
13	0.7 倍的 Z_{SET}，$Z=$＿＿＿ Ω 瞬时正向故障	AN	接地距离加速段投入		接地距离加速段动作	
14	0.95 倍的 Z_{SET}，$Z=$＿＿＿ Ω 瞬时正向故障	BN	接地距离加速段投入		接地距离加速段动作	
15	1.05 倍的 Z_{SET}，$Z=$＿＿＿ Ω 瞬时正向故障	CN	接地距离加速段投入		不动作	

参 考 文 献

[1] 郭光荣．电力系统继电保护（第二版）（继电保护专业适用）［M］．北京：高等教育出版社，2011.

[2] 贺家李，宋从矩．电力系统继电保护原理（增订版）［M］．北京：中国电力出版社，2010.

[3] 霍利民．电力系统继电保护［M］．北京：中国电力出版社，2012.

[4] 高亮．电力系统微机继电保护［M］．北京：中国电力出版社，2012.

[5] 张沛云．电力系统继电保护原理及运行［M］．北京：中国电力出版社，2011.

[6] 许建安．电力系统继电保护［M］．郑州：黄河水利出版社，2008.

[7] 李丽娇，齐云秋．电力系统继电保护［M］．北京：中国电力出版社，2010.

[8] 李火元．电力系统继电保护及自动装置［M］．北京：中国电力出版社，2007.

[9] 中国华电集团公司电气及热控技术研究中心．电力主设备继电保护的理论实践及运行实例［M］．北京：中国水利水电出版社，2010.

[10] 河南省电力公司焦作供电公司．继电保护试验手册［M］．北京：中国电力出版社，2009.

[11] 张露江．电力微机保护实用技术［M］．北京：中国水利水电出版社，2010.

[12] 郭耀珠．电力系统继电保护和安全自动装置现场检验作业指导书［M］．北京：中国水利水电出版社，2011.

[13] 芮新花，赵珏斐．继电保护综合调试实习实训指导书［M］．北京：中国水利水电出版社，2010.

[14] 杨利水．继电保护及自动装置检验与调试［M］．北京：中国电力出版社，2008.

[15] 王大鹏．电力系统既定保护测试技术［M］．北京：中国电力出版社，2010.

[16] 王艳丽．继电保护及自动化实验实训教程［M］．北京：中国电力出版社，2012.

[17] 马永翔．电力系统继电保护［M］．重庆：重庆大学出版社，2009.

[18] 南京南瑞继保电气有限公司．RCS-931系列超高压线路成套保护装置技术和使用说明书.

[19] 南京南瑞继保电气有限公司．RCS-902A(B.C.D)型超高压线路成套保护装置技术说明书.

[20] 南京南瑞继保电气有限公司．RCS-978变压器成套保护装置.

[21] 国家电力调度通信中心．国家电网公司继电保护培训教材（上下册）［M］．北京：中国电力出版社，2009.